创意盘饰

罗家良 主编

化学工业出版社

·北京·

内容提要

《创意盘饰》主要介绍了盘饰的创意设计和制作方法。全书共分七部分，分别为：创意盘饰概论、盘饰常见原料的应用、切切摆摆做盘饰、水果雕切做盘饰、简单雕刻做盘饰、果酱画做盘饰、糖艺棒棒糖做盘饰。

本书可为厨师朋友以及对食品雕刻、果酱画、糖艺、盘饰感兴趣的朋友提供制作素材和技术指导。

图书在版编目（CIP）数据

创意盘饰/罗家良主编. —北京：化学工业出版社，2020.8（2024.1重印）

ISBN 978-7-122-37070-9

Ⅰ.①创… Ⅱ.①罗… Ⅲ.①食品雕塑-装饰-技术 Ⅳ.①TS972.114

中国版本图书馆CIP数据核字（2020）第089965号

责任编辑：张　彦　　文字编辑：药欣荣　陈小滔
责任校对：张雨彤　　装帧设计：史利平

出版发行：化学工业出版社（北京市东城区青年湖南街13号　邮政编码100011）
印　　装：北京华联印刷有限公司
710mm×1000mm　1/16　印张10　字数173千字　2024年1月北京第1版第8次印刷

购书咨询：010-64518888　　售后服务：010-64518899
网　　址：http://www.cip.com.cn
凡购买本书，如有缺损质量问题，本社销售中心负责调换。

定　　价：69.00元　

目录

contents

第一部分 创意盘饰概论

第二部分 盘饰常见原料的应用

第三部分
切切摆摆做盘饰

第四部分
水果雕切
做盘饰

第五部分 简单雕刻做盘饰

第六部分 果酱画做盘饰

第七部分 糖艺棒棒糖做盘饰

第一部分
创意盘饰概论

1. 创意盘饰的概念

盘饰就是在厨房中，把一些新鲜卫生的蔬菜水果等原料经过整理、清洗和简单的切雕加工，制作成简捷优美的造型，摆在菜肴的旁边，对盘中的主体菜肴起到装饰美化作用的一种技术。

所谓创意盘饰就是能充分利用原材料的特点（颜色、形状、质感等），巧妙构思，设计制作出新颖、独特、美观漂亮的盘饰作品的过程。

2. 创意盘饰的作用

① 美化菜肴，提升菜肴档次。

② 装饰席面，烘托宴席气氛。

③ 调整颜色，弥补菜肴在色彩和形状方面的不足。

④ 融入文化，增加意境美，使客人在享受美味的同时，得到精神上的享受。

⑤ 既可欣赏，又可食用。大多数盘饰是以食物性原料制成的，如西红柿、生菜、苦苣、黄瓜等，没有经过过多的加工，是可以直接食用的。

⑥ 充分利用了边角余料（如黄瓜头、油菜头、芹菜根等），避免了浪费。

3. 创意盘饰的制作要点

① 原料必须新鲜，干净，卫生。

② 所用原料要颜色美观，诱人食欲。

③ 造型要简单、大方，不能繁锁复杂。

④ 制作速度要快，加工过程简单快捷，能大批量生产，不必精雕细琢。

⑤ 即使用到一些不可食用的鲜花小草做装饰，也要确保原料安全无毒。

⑥ 不能过分装饰，即盘饰所用的原料不能过多过大，盘饰所占比例适宜。该装饰的菜肴适当装饰，不该装饰的菜肴就不装饰。

4. 创意盘饰的工具

制作创意盘饰，最主要的工具就是菜刀、雕刻刀和剪刀（见图1-1）。菜刀用于切片，切块；雕刻刀用于雕刻一些简单的造型；剪刀用于修剪一些花草枝叶的形状和长短。

图1-2中是制作盘饰的常用工具。图中右边的三个工具上面已经介绍；第四个是削皮刀，常用于削皮、削片；第五个是镊子，常用于夹取小的花草；第六、七、八分别是掏刀和挖球刀，常用于挖球或将原料掏空等；第九个是小筛网，可以将糖粉、巧克力粉、抹茶粉等均匀地撒在盘子上。

图1-3中是果酱画工具，包括果酱笔、软刷、牙刷等。

图1-1 • 最主要的工具

图1-2 • 常用工具

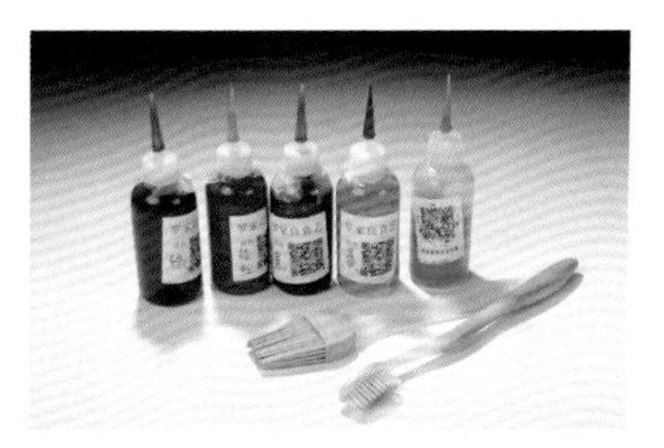
图1-3 • 果酱画工具

5. 创意盘饰的原料

① 蔬菜原料：这是盘饰制作最主要的原料，如黄瓜、胡萝卜、西红柿、生菜、苦苣、蒜薹、水萝卜等，见图1-4 ~图1-17。

图1-4 • 黄瓜

图1-5 • 胡萝卜

图1-6 • 西红柿

图1-7 • 红萝卜

图1-8 • 法香（荷兰芹）

图1-9 • 荷兰黄瓜

图1-10 • 车厘子（红樱桃）

图1-11 • 水萝卜

图1-12 • 红辣椒

图1-13 • 圣女果

图1-14 • 洋葱

图1-15 • 苦瓜

图1-16 • 心里美萝卜

图1-17 • 绿萝卜

② 水果原料：橘子、橙子、柠檬、草莓、樱桃、猕猴桃、火龙果等，见图1-18 ~图1-25。

图1-18 • 橙子

图1-19 • 草莓

图1-20 • 樱桃

图1-21 • 猕猴桃

图1-22 • 小青柠

图1-23 • 蓝莓

图1-24 • 金橘

图1-25 • 石榴

③ 新型原料：最近市场上出现了很多既可食用又可欣赏的新型原料，如酸模叶、三色堇、薄荷叶、小玫瑰、石竹花、雏菊、迷迭香、黄瓜花等，这些原料可以直接摆在菜肴上，与菜肴形成一个整体，也可以与其他原料组成一个盘饰。还有些植物即使不能食用但也是安全无毒的，如羊齿叶、米兰叶、情人草、蓬莱松等，见图1-26 ~图1-39。

图1-26 • 酸模叶

图1-27 • 三色堇

图1-28 • 薄荷叶

图1-29 • 小玫瑰

图1-30 • 石竹花

图1-31 • 雏菊

图1-32 • 迷迭香

图1-33 • 黄瓜花

图1-34 • 羊齿叶

图1-35 • 石竹梅

图1-36 • 米兰叶

图1-37 • 皱叶薄荷

图1-38 • 红辣椒丝

图1—39 • 熊猫竹

④ 其他原料：如糖粉、可可粉、抹茶粉、干冰、干果仁（如腰果、榛子仁、大杏仁等）、土豆粉等，见图1-40 ~图1-43。

需要说明的是，这里的土豆粉不是我们平常做菜用的土豆淀粉，而是一种熟的速食的土豆粉，用热水冲开后会膨胀黏稠，用裱花袋像挤奶油那样挤在盘边，便于插入花草，固定形态。

图1-40 • 可可粉、抹茶粉

图1-41 • 干冰桶

图1-42 • 干冰

图1-43 • 土豆粉

6. 果酱（酱汁）在盘饰中的应用

在创意盘饰中，可以将菜肴本身的浓稠汤汁或附带的酱汁淋在盘边起装饰作用。

果酱是这些汤汁酱汁的替代品，其特点是使用方便，颜色多样，可提前制作，通常是将果酱在盘中画成简单的弧线、直线、曲线等，然后在上面摆上简单加工过的蔬果花草等，见图1-44～图1-53。果酱（酱汁）的作用：一是调节颜色，增加色彩；二是使盘饰富于线条感；三是可以将分散的果蔬盘饰串连起来，不至于过于分散。

图1-44 • 用软刷画果酱线

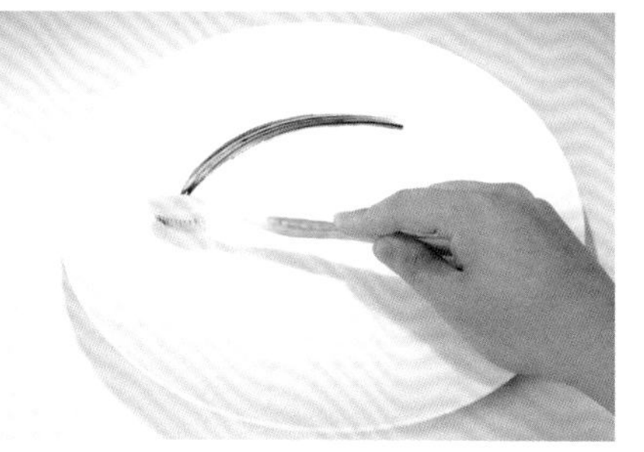

图1-45 • 用牙刷画果酱线

图1-46 • 用手指画果酱线

图1-47 • 用果酱笔画螺旋线

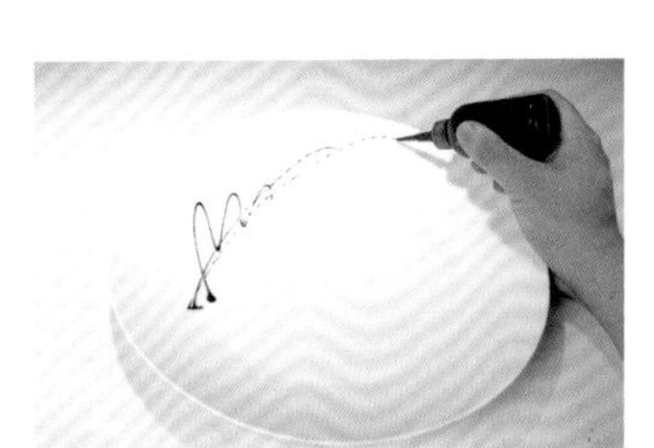

图1-48 • 用果酱笔画折线

图1-49 • 用小勺画果酱线

图1-50 • 用面巾纸或布画果酱线

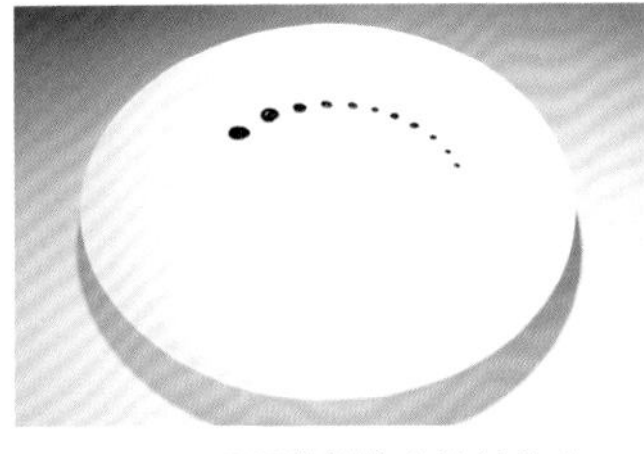

图1-51 • 用果酱笔挤出连续的点

图1-52 • 用小勺将挤在盘上的果酱拍击成放射状

图1-53 • 用小勺拍击果酱后的应用

7. 创意盘饰的构图

① 一点式构图，即装饰的部分是一个简单的单元，如一朵花、一棵树、一只蝴蝶等，见图1-54。

② 多点式构图，即盘饰由多个部分组成，具体的还分多点对称式构图、多点弧线式构图、多点直线式构图等，见图1-55 ~ 图1-57。

这里补充一点，多点式构图，各个点上的部件是可以互相调换的，见图1-58 ~ 图1-60。图中的黄瓜卷、酸模叶、水萝卜片、红樱桃等可以互换位置。

③ 环围式构图，即相同的部件环绕盘子一圈或半圈，见图1-61。

④ 中心式构图，即装饰的部分摆在盘子中心，菜肴摆在装饰物周围，见图1-62。

⑤ 其他方式构图。

图1-54 • 一点式构图

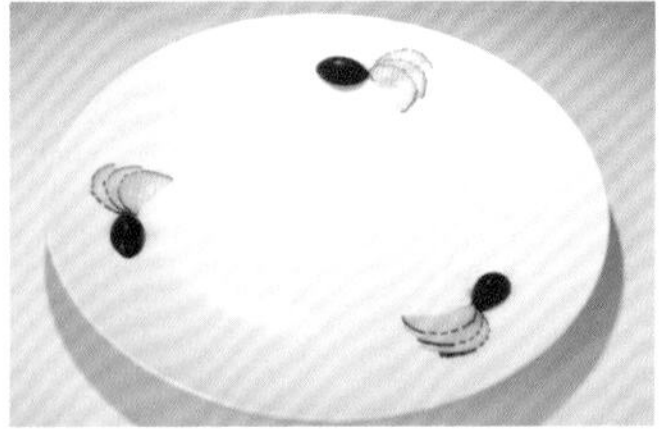

图1-55 • 多点对称式构图

图1-56 • 多点弧线式构图

图1-57 • 多点直线式构图

图1-58 • 一片酸模叶，黄瓜卷是横放的

图1-59 • 黄瓜卷是立着的

图1-60 • 又加了一片酸模叶和金钱草

图1-61 • 环围式构图

图1-62 • 中心式构图

8. 可食用盘饰是未来趋势

创意盘饰中完全可以食用的盘饰是最受欢迎也是最值得提倡的，如用生菜叶、苦苣叶、洋葱、西红柿、各种水果制作的盘饰。因为这样的盘饰一是避免了浪费；二是调剂了口味，增加了美味；三是做到了营养均衡，荤素搭配；四是这类盘饰不必精雕细刻，制作速度快，工作效率高。

下面是创意盘饰常见的几种类型：

① 以蔬菜原料为主的盘饰，完全可食用，既不用花草原料搭配，也不用胶水竹签固定，见图1-63 ~图1-66。图中只用了生菜叶、黄瓜、水萝卜、苦苣叶、圣女果、洋葱、胡萝卜等，三色堇和酸模叶也是近年流行的食材，盘上的线条可以用果酱，也可以用甜面酱、沙拉酱等。

图1-63 • 由生菜叶、黄瓜卷、水萝卜片、三色堇、酸模叶制成的盘饰

图1-64 • 由苦苣叶、黄瓜卷、圣女果、三色堇、酸模叶制成的盘饰

图1-65 • 由苦苣叶、洋葱、胡萝卜制成的盘饰

图1-66 • 由水萝卜、黄瓜制成的盘饰

② 以水果原料为主的盘饰，完全可食用，见图1-67 ~ 图1-69。图中用到的原料有橘子、黄瓜、红樱桃、哈密瓜、小青柠、火龙果、蓝莓等，装饰用的薄荷和迷迭香也是可以食用的。

图1-67 • 由橘子、黄瓜、红樱桃制成的盘饰

图1-68 • 由哈密瓜、小青柠、红樱桃、酸模叶、蓝莓制成的盘饰

图1-69 • 由火龙果、小青柠、圣女果、薄荷叶、迷迭香、蓝莓制成的盘饰

③ 以小花小草为主的盘饰，如玫瑰、百合花、雏菊、情人草、米兰叶、蓬莱松等，这些原料也都是安全无毒的，客人都知道这些盘饰是装饰品，不会去食用，见图1-70和图1-71。

图1-70 • 由小雏菊、三色堇、法香、情人草、圣女果制成的盘饰

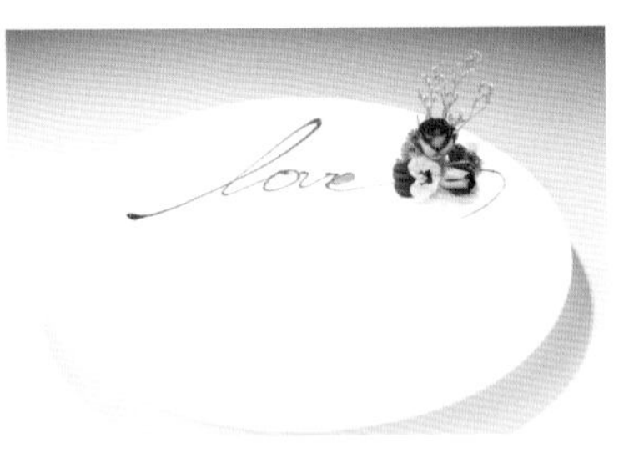

图1-71 • 由小玫瑰、三色堇、法香、情人草制成的盘饰

④ 以果酱画为主的盘饰，不用或很少使用蔬菜水果原料的方法，见图1-72 ~ 图1-75。图1-76是将果酱画与果蔬雕切相结合的一个盘饰作品。

⑤ 以糖艺为主的盘饰，见图1-77和图1-78。

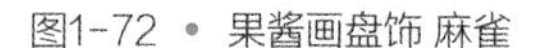

图1-72 • 果酱画盘饰 麻雀

图1-73 • 果酱画盘饰 荷花

图1-74 • 果酱画盘饰 小鸟

图1-75 • 果酱画盘饰 梅花

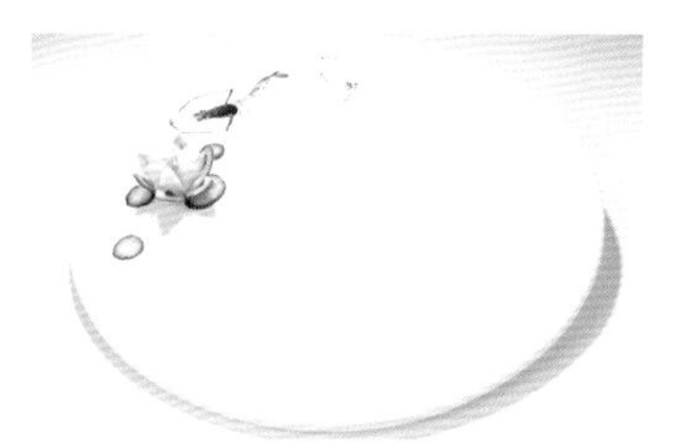

图1-76 • 果酱画与果蔬雕切相结合的盘饰

图1-77 • 糖艺盘饰 玫瑰花

图1-78 • 糖艺盘饰 天鹅

⑥ 以分子烹饪为主的盘饰，比如用果汁制作的鱼子酱、胶囊做盘饰，见图1-79 ~ 图1-81。

图1-79 • 用果汁做成的鱼子酱

图1-80 • 用果汁鱼子酱做盘饰

图1-81 • 用果汁鱼子酱、果汁胶囊做盘饰

⑦ 综合式盘饰，即将上面的各种方法综合起来运用的方法。

9. 创意盘饰的设计方法

① 原料入手设计法，即根据原料的形状、质地、颜色，判断适合加工的形状。比如黄瓜、水萝卜、橙子、橘子适合切片；苦瓜、洋葱适合切圈；胡萝卜适合切料头花、四角花、小蝴蝶；蒜薹、西芹、油菜帮雕切后用清水浸泡会卷曲，将这些与其他原料（法香、红樱桃、生菜叶、苦苣芯等）进行搭配组合，就能轻松完成一个盘饰，见图1-82 ~图1-84。

图1-82 • 利用原料本身固有的形状

图1-83 • 利用蒜薹泡水后的变形

图1-84 • 利用原料的质地、色彩

② 几何图形设计法，我们熟悉的几何图形有三角形、圆形、圆环形、扇形、心形、菱形、正方形、长方形、月牙形、S形、V形等，所以我们可以把合适的原料加工成这些简单的几何图形，然后与其他元素搭配组合制成盘饰，见图1-85 ~图1-88。

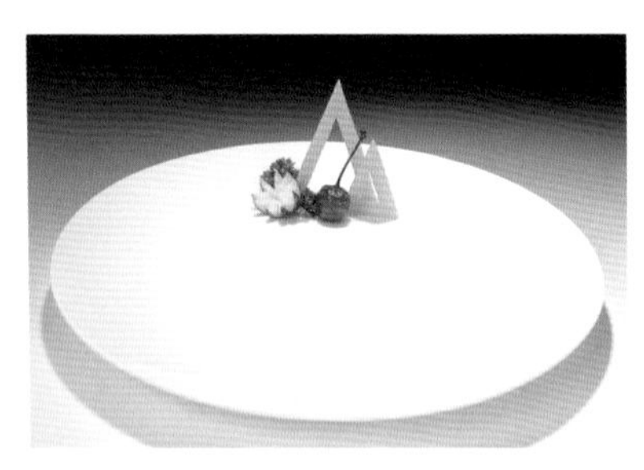
图1-85 • 三角形的应用

图1-86 • 圆形的应用

图1-87 • 方形的应用

图1-88 • V形的应用

③ 借形设计法，有些原料或者原料的某些部位，其形状与某些动物（不仅限于动物）相似，简单加工后就可制成一件艺术品，用作盘饰具有美观漂亮、有趣可爱的效果，如用短黄瓜雕小船，用黄瓜头雕企鹅，用白菜芯做天鹅身体等，见图1-89 ~图1-91。

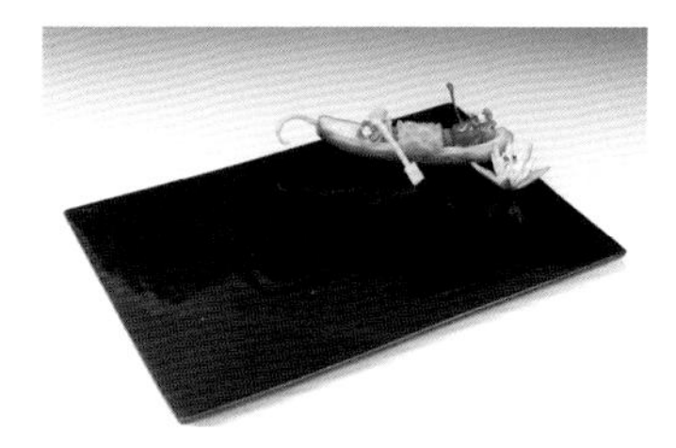
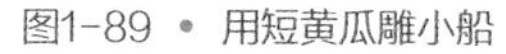
图1-89 • 用短黄瓜雕小船

图1-90 • 用黄瓜头雕企鹅

图1-91 • 用白菜芯做天鹅身体

④ 主题设计法，根据某种需要设计的盘饰，如过生日祝寿的、表达爱情的、表达祝福的、庆祝升学升迁的、励志送行的等，见图1-92和图1-93。

图1-92 • 庆祝升学

图1-93 • 表达爱情

⑤ 古诗词意境设计法，根据古诗词所描写的画面意境创作盘饰的方法。如皇甫松的“繁红一夜经风雨，是空枝”，见图1-94。李清照的“争渡，争渡，惊起一滩鸥鹭”，见图1-95。前一个作品比较直接，用蒜薹和辣椒圈表现空枝和繁红，后一个作品比较含蓄，只雕了一只小船，却没有表现被船惊起的鸥鹭，而是用碎花瓣代表鸥鹭飞起后散落的羽毛。

图1-94 • 繁红一夜经风雨，是空枝

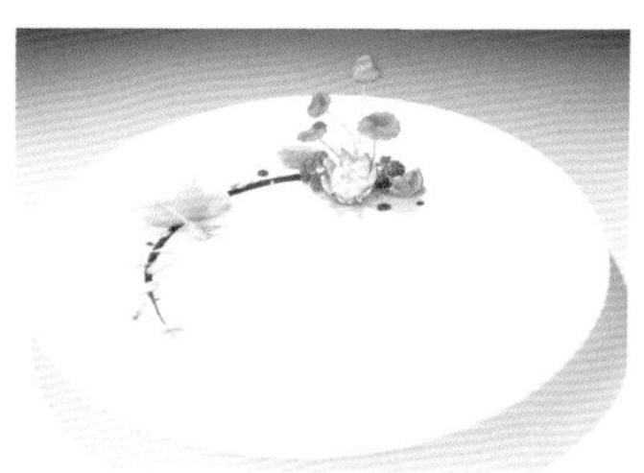
图1-95 • 争渡，争渡，惊起一滩鸥鹭

⑥ 简易雕刻设计法，运用食品雕刻的方法制作盘饰，如用心里美萝卜雕出各种花卉，用青萝卜、白萝卜、胡萝卜雕出天鹅仙鹤鱼虾等。之所以称为“简易雕刻设计法”是指雕刻手法要简单快捷，适合大批量制作，不能过繁过细（见图1-96 ~图1-98）。

⑦ 其他设计法。

图1-96 • 老井

图1-97 • 大丽花

图1-98 • 水桶

10. 创意盘饰如何与菜肴搭配

盘饰的目的是为了美化菜肴，但不是说有了盘饰菜肴就一定会更加漂亮，要注意下面几点。

① 注意颜色的配合，即盘饰的颜色要与菜肴形成对比才好看，不能顺色。比如胡萝卜雕刻的花可以与绿色、白色、黑色等菜肴配合，但不适合与红色菜肴配合。

② 注意内容的配合，鱼虾类水产品的菜肴，最好用荷花、睡莲、小船、小桥等装饰；农家风味的菜肴，最好用粮仓、水桶、小房子、古井、碾子等装饰（见图1-99和图1-100）。

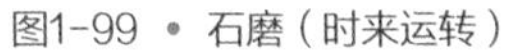
图1-99 • 石磨（时来运转）

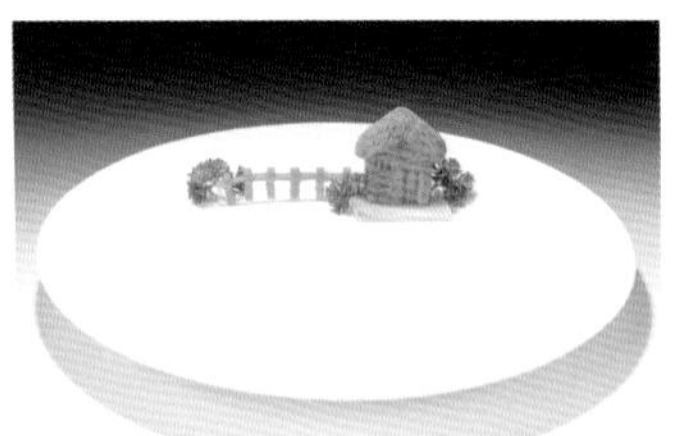
图1-100 • 小草房

③ 注意味道的配合，香甜味道的菜肴，可多用水果做盘饰；腥味比较重的菜肴（比如鱼类）可用大葱花、蒜薹花、香菜做盘饰（起增香作用）；煎炸烤类的菜肴，可多用苦苣芯、生菜叶、洋葱圈做盘饰（既可装饰又可食用）。

④ 注意与宴席主题的配合，婚宴上的菜肴盘饰，可多用些心形图案、love、天鹅等；寿宴多用寿字、寿桃、蓬莱松等做盘饰，见图1-101和图1-102。

图1-101 • 述爱　　图1-102 • 寿比南山

⑤ 注意量的配合，即菜肴的量不能过大过满，盘饰的东西也不能过多过繁，要恰到好处。

⑥ 高档的菜肴（如海参、鱼翅），或者菜肴本身已经有很完美的外形（如松鼠鱼、葫芦鸭等）可以不用盘饰或少用盘饰。

⑦ 注意盘饰的文化性、趣味性。比如一道排骨菜肴，旁边摆上一对胡萝卜雕的斧头，既有“双福临门”的寓意，也有用斧头劈排骨的意思，吉利又有趣，会给客人留下很深刻的印象，见图1-103。而烧烤类的菜肴可用篝火做盘饰，见图1-104。

图1-103 • 双福临门

图1-104 • 篝火

第二部分 盘饰常见原料的应用

1. 黄瓜在盘饰中的应用

在盘饰中，黄瓜是应用最广的原料之一，因为黄瓜质地脆嫩、水分充足、色泽碧绿、清香怡人、四季常备。

① 黄瓜片　黄瓜最简单的用法就是切片（半圆形片、圆形片、椭圆形片），然后或平铺或重叠或组合摆在盘中。

1 • 黄瓜片

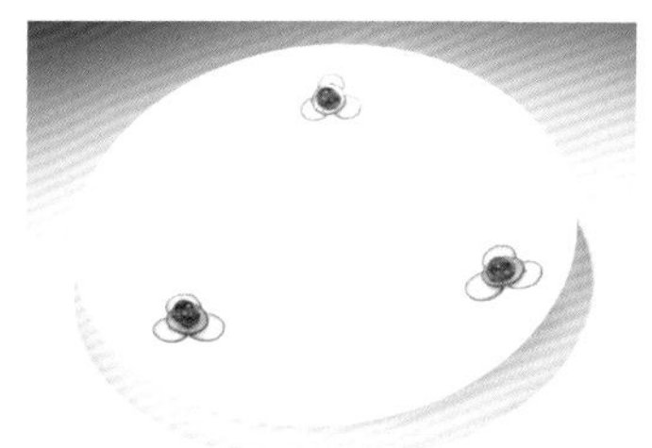

2 • 黄瓜片配红樱桃

3 • 黄瓜片围一圈

4 • 黄瓜片向外围一圈

5 • 黄瓜片围半圈

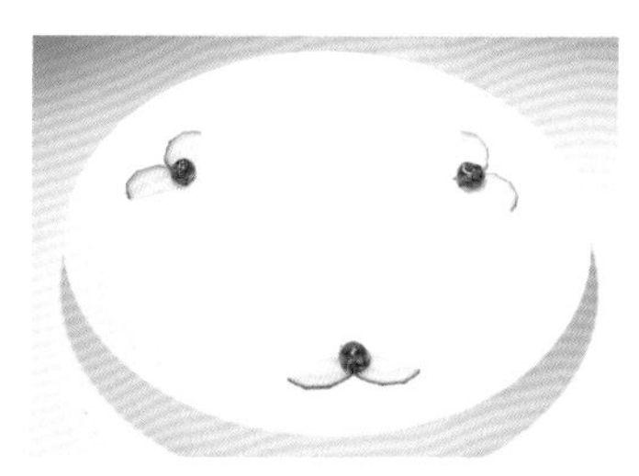

6 • 黄瓜片拼蝴蝶1

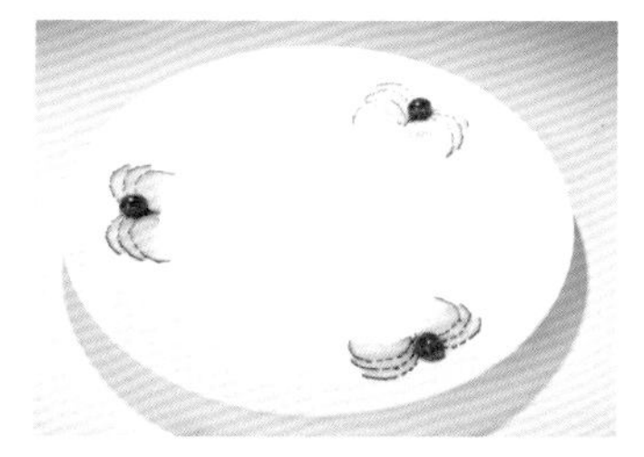

7 • 黄瓜片拼蝴蝶2

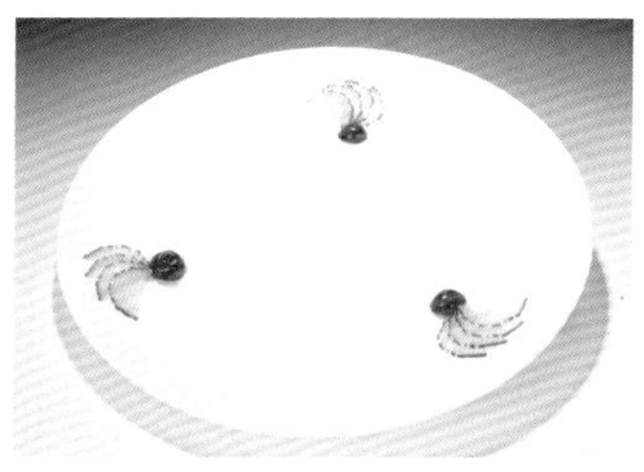

8 • 黄瓜片拼金鱼

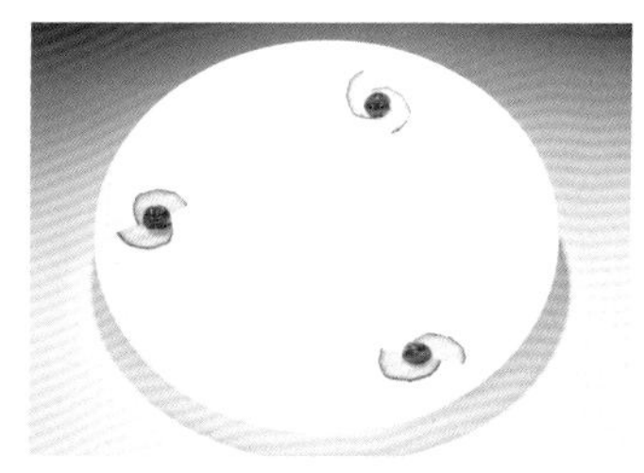

9 • 黄瓜片错位拼

10 • 黄瓜片拼波浪线

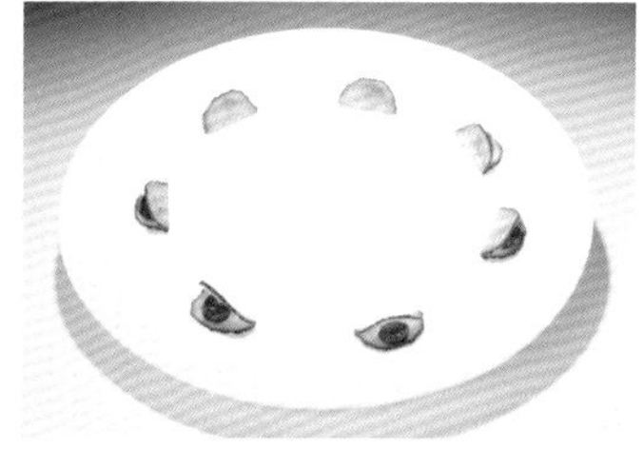

11 • 黄瓜片嵌红樱桃

12 • 黄瓜片拼心形

② 连刀片（佛手花） 这也是黄瓜最常用的方法，将黄瓜一剖两半，然后切相连的几个片，再将片卷起来。具体的还分以下几种。

五刀连刀片。

1. 将黄瓜一剖两半。
2. 切五连刀片。
3. 将第二片、第四片卷起。
4. 摆在盘边配红樱桃。

四刀连刀片。

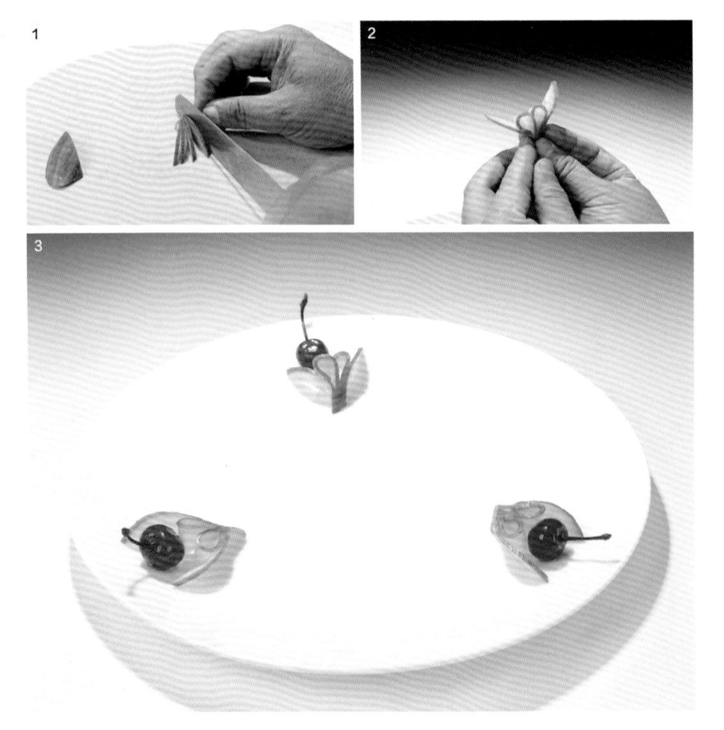

1. 黄瓜切四连刀片。
2. 将第二片、第三片卷起。
3. 摆盘中，点缀红樱桃。

三刀连刀片。

1. 黄瓜切三连刀片。
2. 将第二片卷起。
3. 拼成花朵形。
4. 红樱桃做花芯。
5. 也可将第一、三片向内卷起。
6. 拼成一朵花。
7. 红樱桃做花芯。

两刀连刀片。

1. 黄瓜切二连刀片。
2. 卷起一片。
3. 一片压一片围起。
4. 围成圆形。
5. 可用红樱桃、辣椒圈、胡萝卜、四角花等点缀一下。

多刀连刀片，即切出7刀、9刀或11刀连刀片，然后将相连接部分的黄瓜皮片起来，卷曲后用水泡一会使黄瓜皮与瓜瓤部分分离。

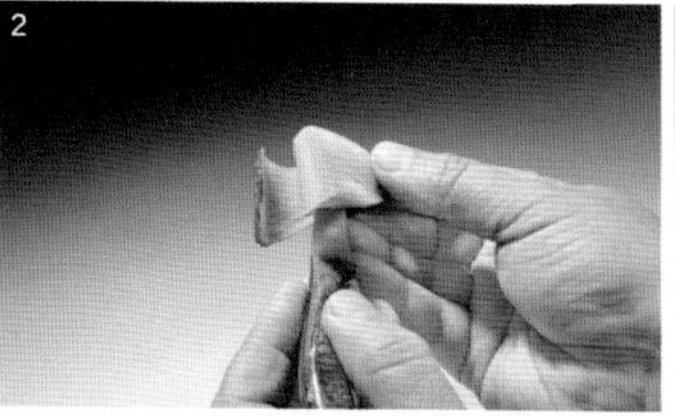

1. 半片黄瓜切11连刀片。
2. 用手刀从连接部分将黄瓜皮切下。
3. 将2、4、6、8、10片卷起。
4. 将黄瓜摆盘边，用红樱桃、迷迭香点缀一下。

③ 黄瓜扇　将半条黄瓜切若干片，用牙签将黄瓜片穿起，推开成扇形。

1. 将黄瓜切若干片。
2. 用牙签串起。
3. 推开成扇形。
4. 摆在黄瓜底座上。
5. 用红樱桃等点缀。

④ 连刀花　将半条黄瓜切连刀片（即两片连在一起），然后将黄瓜片向两侧撑开，摆在一个黄瓜圈上，用红樱桃做花芯。

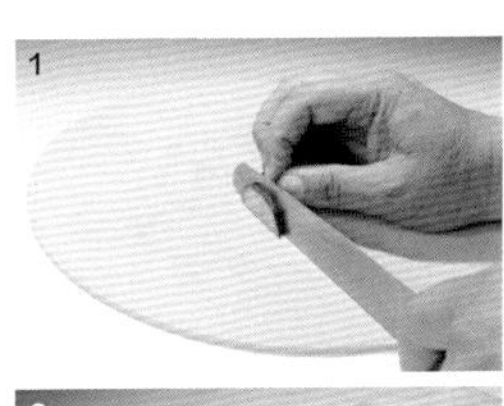

1. 黄瓜切连刀片。
2. 将连刀片向两侧撑开。
3. 切一个黄瓜圈。
4. 将连刀片重叠摆在黄瓜圈里。
5. 拼摆成五瓣花。
6. 红樱桃做花芯。

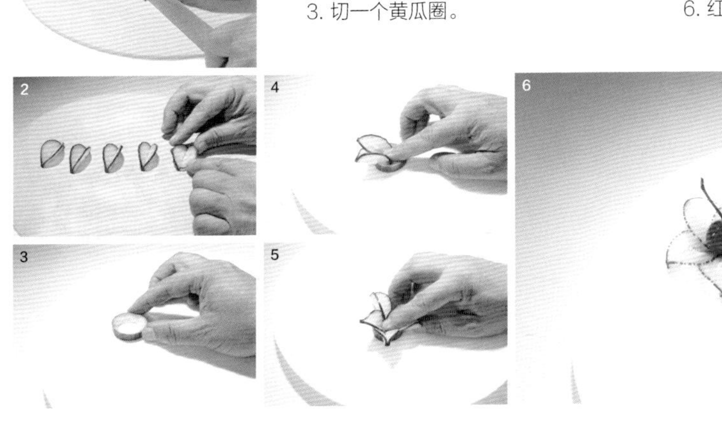

⑤ 喇叭花　像削铅笔一样，在黄瓜的顶端旋转切出薄片，拼成一朵花。

1. 黄瓜削成尖。
2. 旋出喇叭花。
3. 旋一周后继续旋。
4. 旋至两周半。
5. 取下花瓣。
6. 将两至三个喇叭花拼成一朵大花。
7. 红樱桃做花芯。
8. 或用红色碎末做花芯。

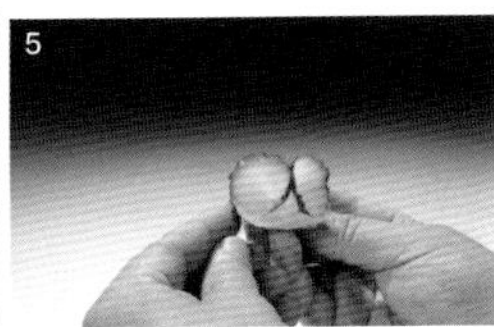

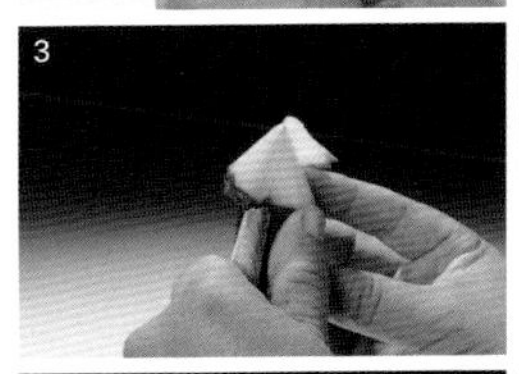

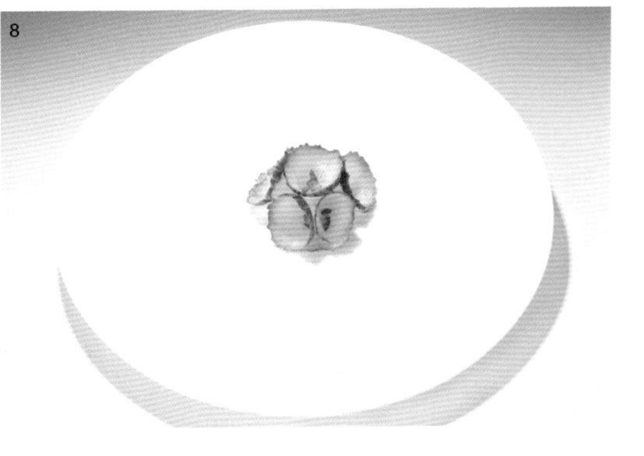

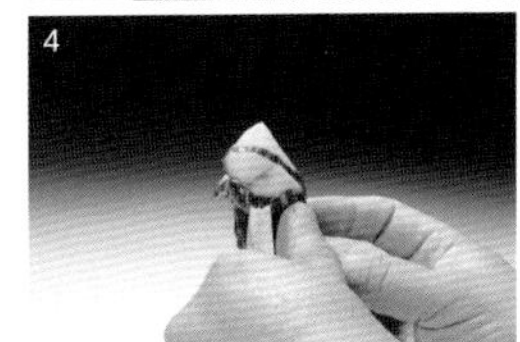

⑥ 如意花　将黄瓜切圆片，然后沿半径切一刀，将切口向两侧压平，将一颗红樱桃剖开压在两侧，点缀一点法香即可。

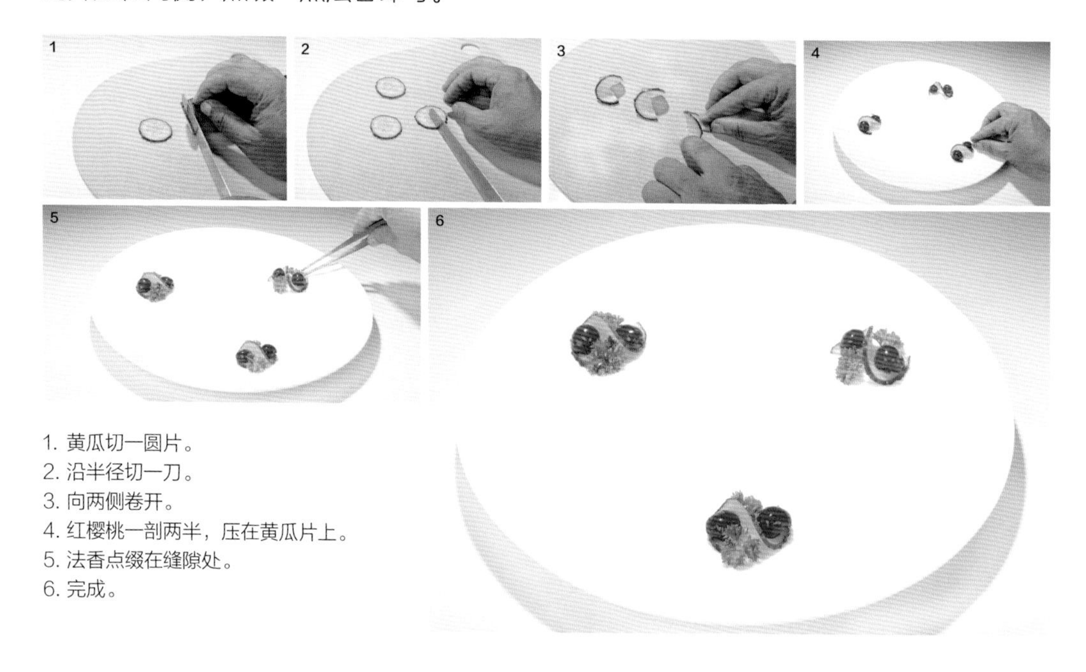

1. 黄瓜切一圆片。
2. 沿半径切一刀。
3. 向两侧卷开。
4. 红樱桃一剖两半，压在黄瓜片上。
5. 法香点缀在缝隙处。
6. 完成。

⑦ 黄瓜墙　黄瓜切半圆形薄片，然后立着摆成直线、弧线或S形线的墙的形状。

1. 黄瓜切半圆形片。
2. 向两侧推开呈直线。
3. 向两侧推开呈弧形。
4. 弧线构图。
5. 直线构图。
6. S形构图。

⑧ 黄瓜垛　先将黄瓜切成“凸”字形，再切成较厚的片，然后推开排成墙垛形状，也可间隔一个立起排成拉锁形状。

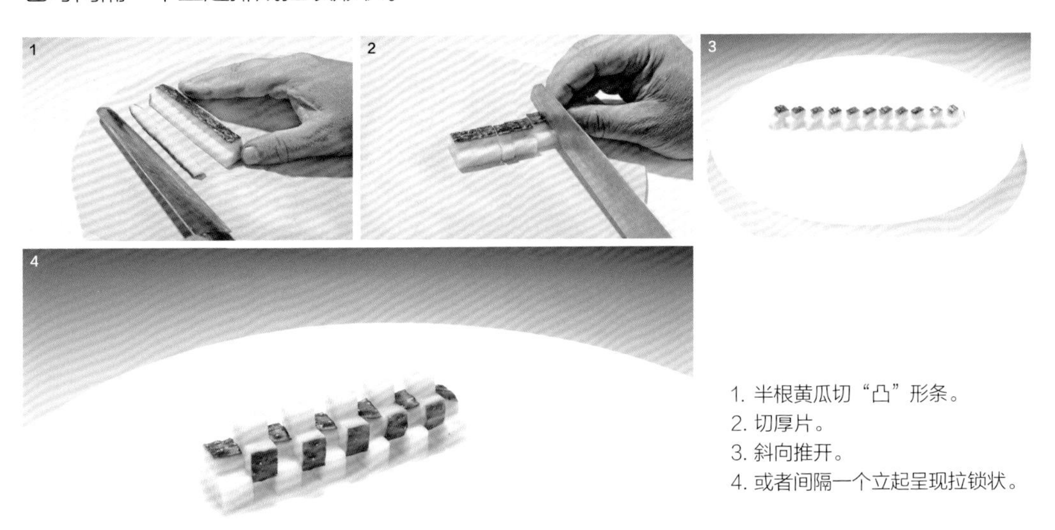

1. 半根黄瓜切“凸”形条。
2. 切厚片。
3. 斜向推开。
4. 或者间隔一个立起呈现拉锁状。

⑨ 黄瓜卷　用削皮刀将黄瓜削成薄片，卷成卷，然后摆在盘中，再与其他元素搭配。

1. 用削皮刀将黄瓜削薄片。
2. 卷起。
3. 用手指将黄瓜卷稍捏紧（不用牙签和胶水）。
4. 将两个黄瓜卷一横一竖摆在盘中。
5. 也可将黄瓜卷一上一下摆在盘中。

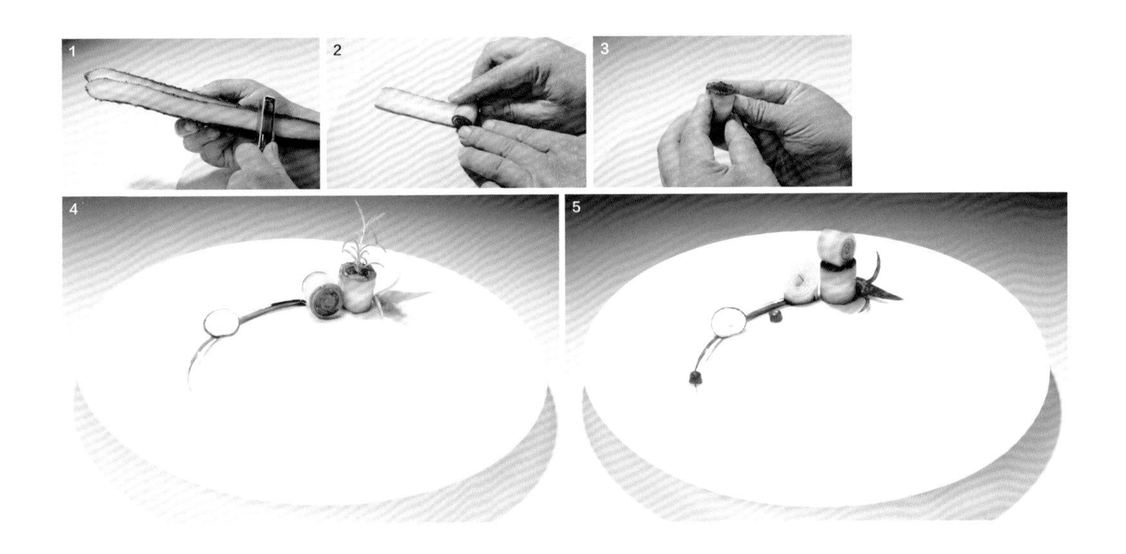

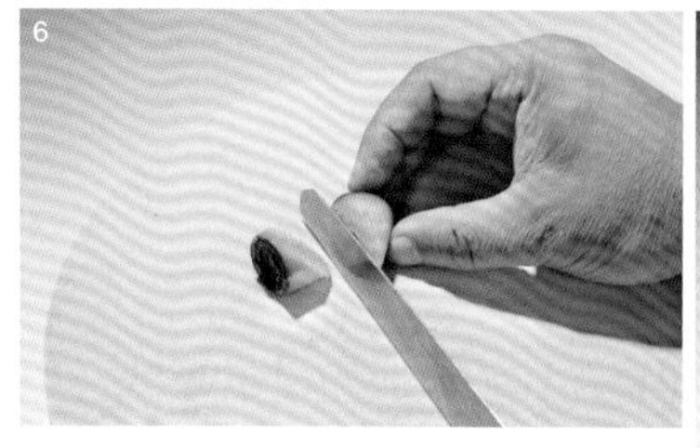

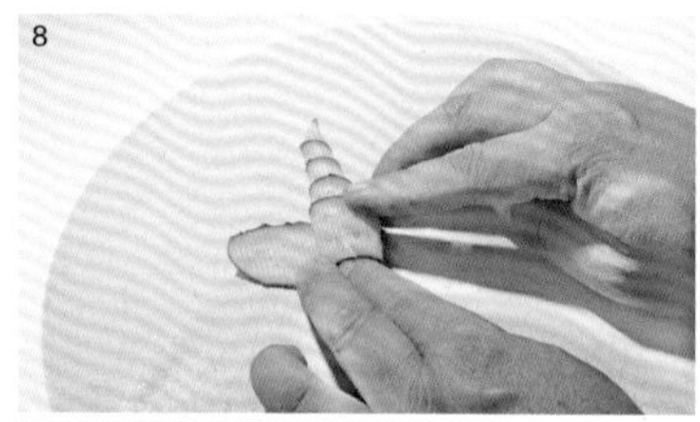

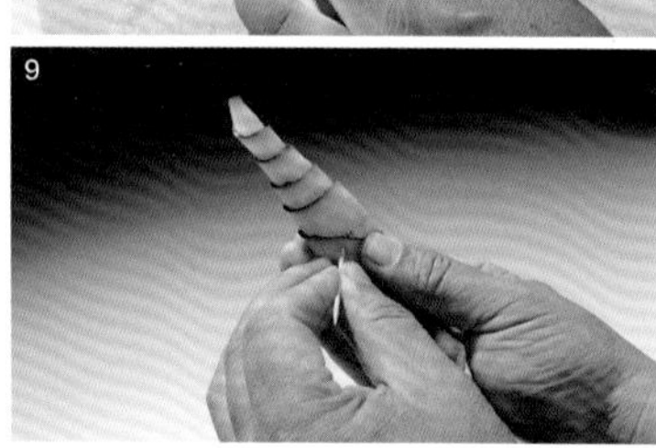

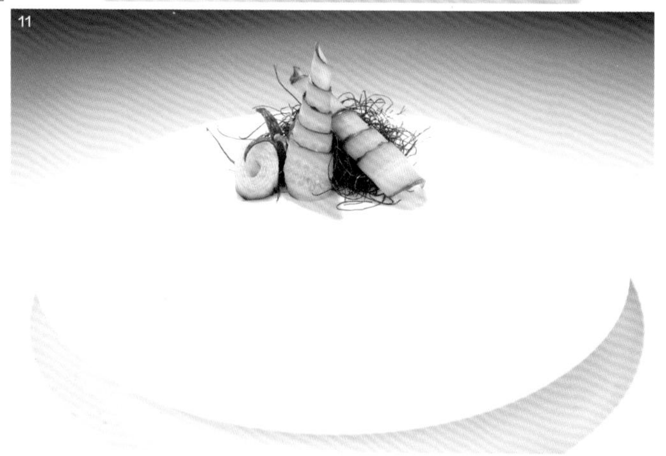

6. 将黄瓜卷斜着切开。
7. 斜切的黄瓜卷做盘饰。
8. 将黄瓜片螺旋卷起来。
9. 根部用牙签固定住。
10. 用螺旋黄瓜卷做盘饰。
11. 两个螺旋黄瓜卷做盘饰。

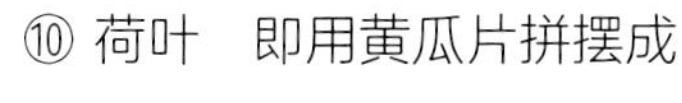

⑩ 荷叶　即用黄瓜片拼摆成荷叶。

1. 半片黄瓜抹刀切薄片。
2. 拼成圆形。
3. 用水萝卜花和半球状黄瓜点缀。

⑪ 花篮　在黄瓜侧面切若干V槽，将V槽横切开再向两侧推出。

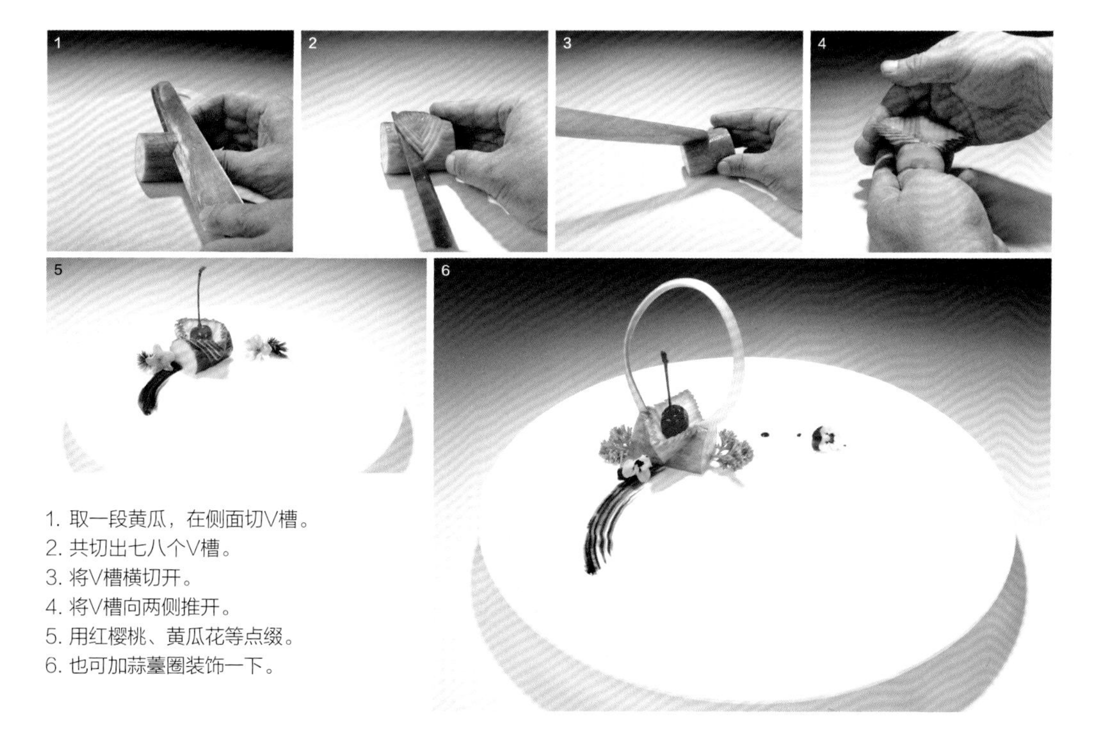

1. 取一段黄瓜，在侧面切V槽。
2. 共切出七八个V槽。
3. 将V槽横切开。
4. 将V槽向两侧推开。
5. 用红樱桃、黄瓜花等点缀。
6. 也可加蒜薹圈装饰一下。

⑫ 四手联花　即将四个佛手花拼成一朵大花。

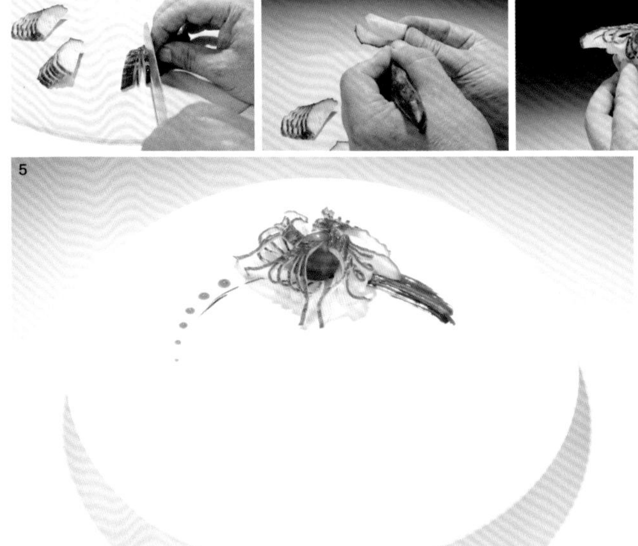

1. 黄瓜切六连刀片。
2. 将黄瓜皮从连刀的一端切下一部分。
3. 将中间的四片卷起。
4. 将四个佛手花拼在一起，中间用圣女果做花芯。
5. 也可以画出果酱线搭配。

⑬ 金鱼　用黄瓜头和黄瓜片拼摆成一条金鱼。

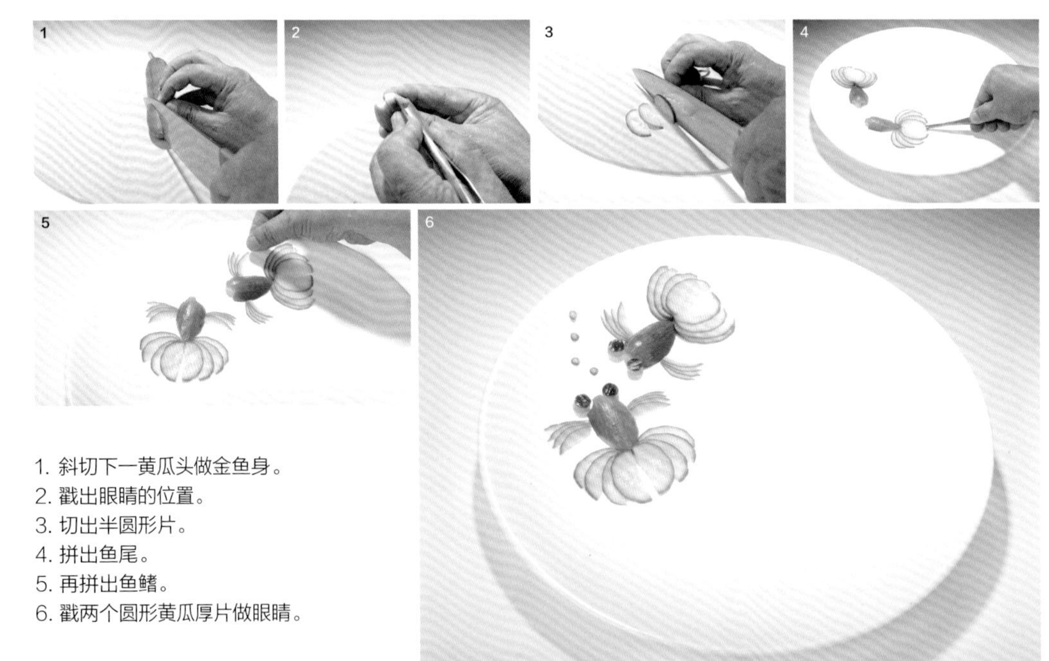

1. 斜切下一黄瓜头做金鱼身。
2. 戳出眼睛的位置。
3. 切出半圆形片。
4. 拼出鱼尾。
5. 再拼出鱼鳍。
6. 戳两个圆形黄瓜厚片做眼睛。

⑭ 小鸟　用各种形状的黄瓜片拼摆成小鸟的形状。

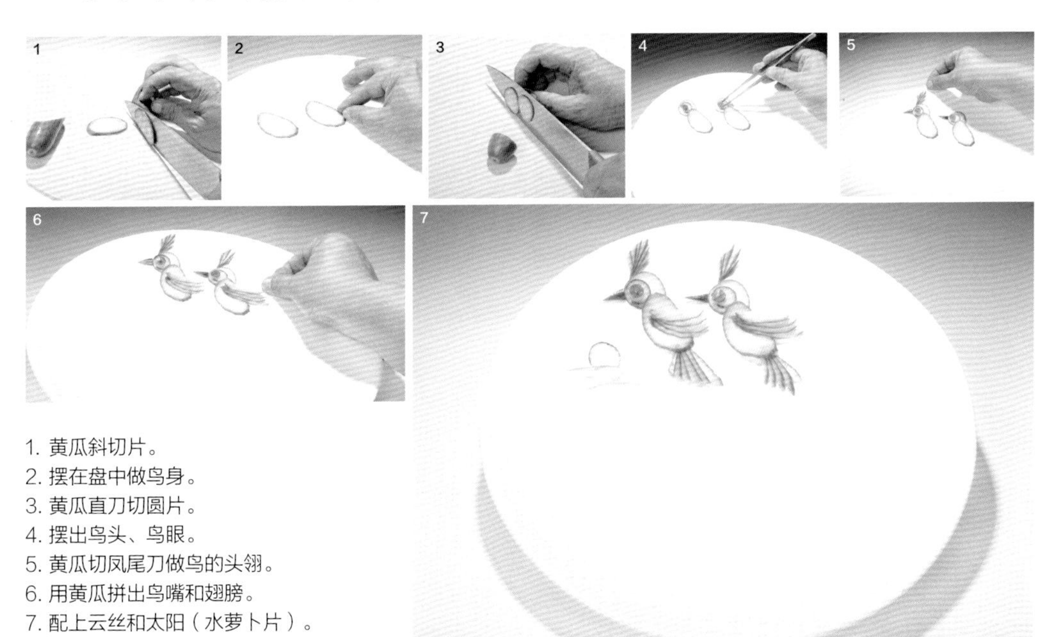

1. 黄瓜斜切片。
2. 摆在盘中做鸟身。
3. 黄瓜直刀切圆片。
4. 摆出鸟头、鸟眼。
5. 黄瓜切凤尾刀做鸟的头翎。
6. 用黄瓜拼出鸟嘴和翅膀。
7. 配上云丝和太阳（水萝卜片）。

⑮ 虾　半片黄瓜切抹刀片，拼摆成虾的形状。

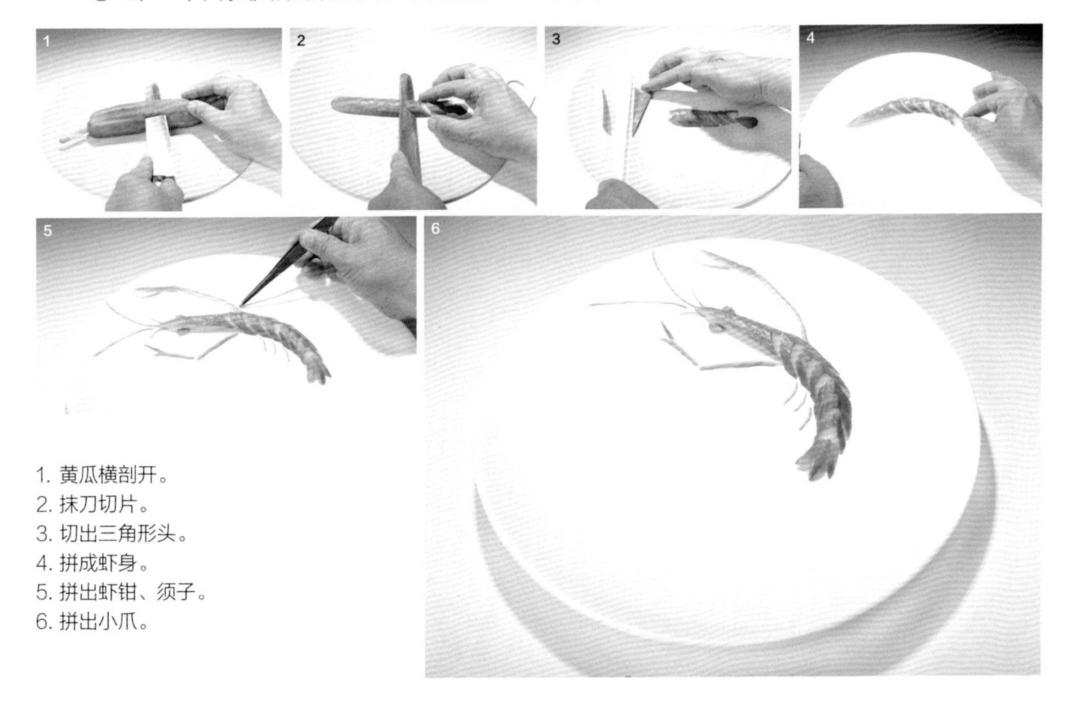

1. 黄瓜横剖开。
2. 抹刀切片。
3. 切出三角形头。
4. 拼成虾身。
5. 拼出虾钳、须子。
6. 拼出小爪。

⑯ 凤鸟　用两个V槽形黄瓜推开做翅膀，夹一个瓜皮雕的鸟头，配些小花小草和心里美萝卜挖出的半球即可。

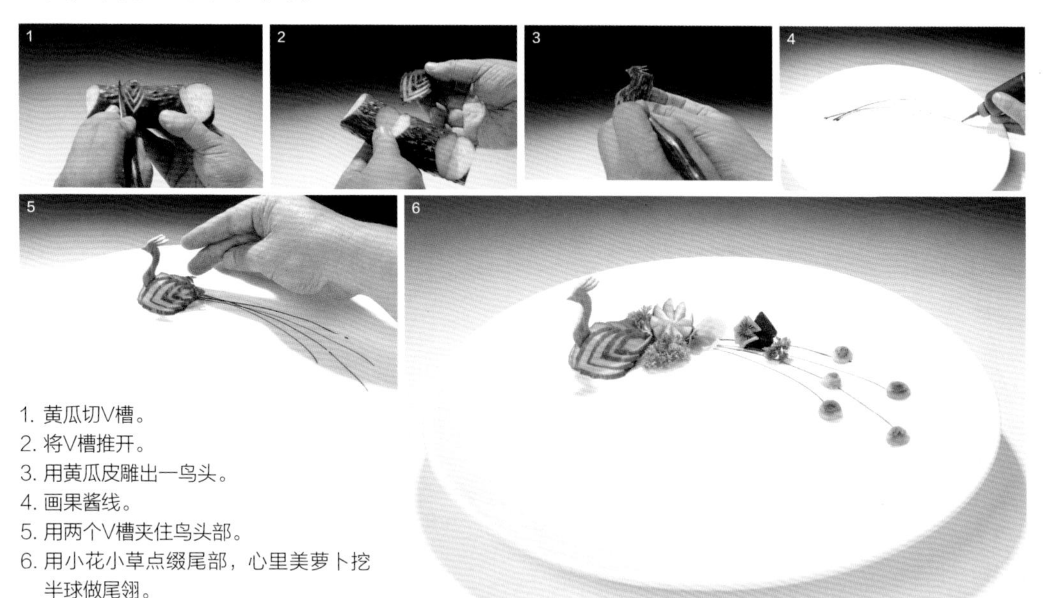

1. 黄瓜切V槽。
2. 将V槽推开。
3. 用黄瓜皮雕出一鸟头。
4. 画果酱线。
5. 用两个V槽夹住鸟头部。
6. 用小花小草点缀尾部，心里美萝卜挖半球做尾翎。

⑰ 欢庆礼炮。

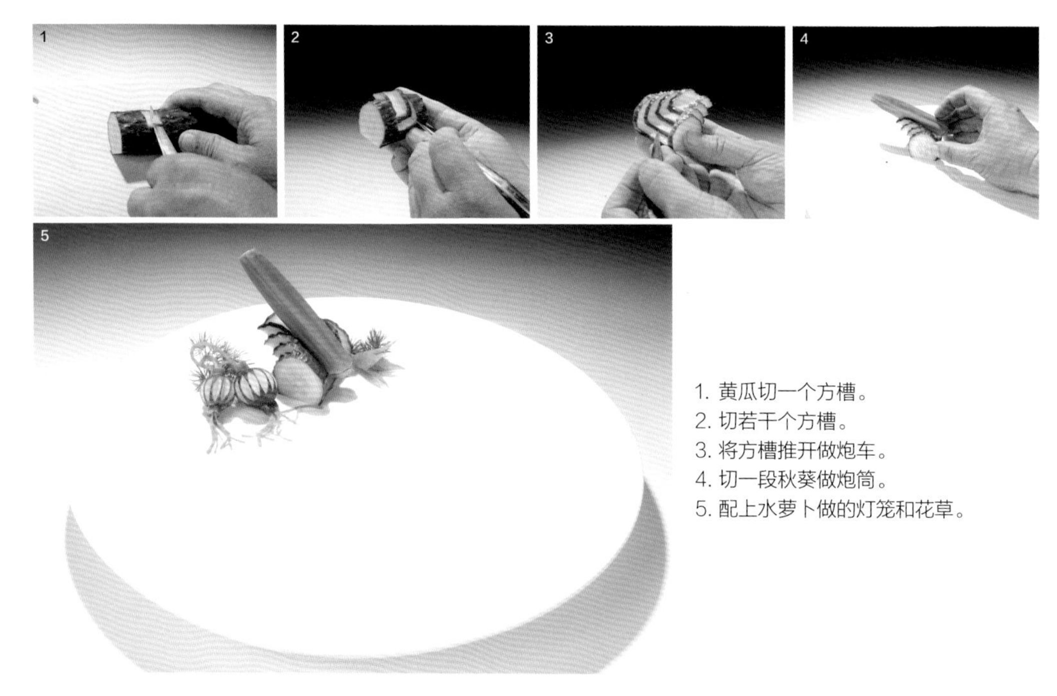

1. 黄瓜切一个方槽。
2. 切若干个方槽。
3. 将方槽推开做炮车。
4. 切一段秋葵做炮筒。
5. 配上水萝卜做的灯笼和花草。

⑱ 黄瓜环与流星球。

1. 黄瓜切段。
2. 用U形刀将黄瓜挖空。
3. 将黄瓜切厚片。
4. 将一个黄瓜环切断。
5. 将另外两个黄瓜环套入。
6. 胡萝卜切四方形块。
7. 在一个面上沿中线斜向（45度角）切入四分之一深，向左向右各切一刀。
8. 用此法在六个面上共切出24刀。
9. 取下废料。
10. 将黄瓜环和流星球摆在一起。

2. 胡萝卜在盘饰中的应用

胡萝卜在盘饰中应用很广，一是胡萝卜这种原料在厨房中最为常见，也容易保存；二是胡萝卜的颜色漂亮、协调，可以与各种颜色的菜肴搭配（红色、黄色菜肴除外）；三是胡萝卜质地脆硬，便于雕切各种形状；四是胡萝卜制品保存期长，不易变色，不易干瘪。

① 四角花　将胡萝卜先切成四方形柱，然后在四条棱上削下四角花瓣，在用法上可以一朵两朵使用，也可以将几朵四角花拼成一朵大的花朵。

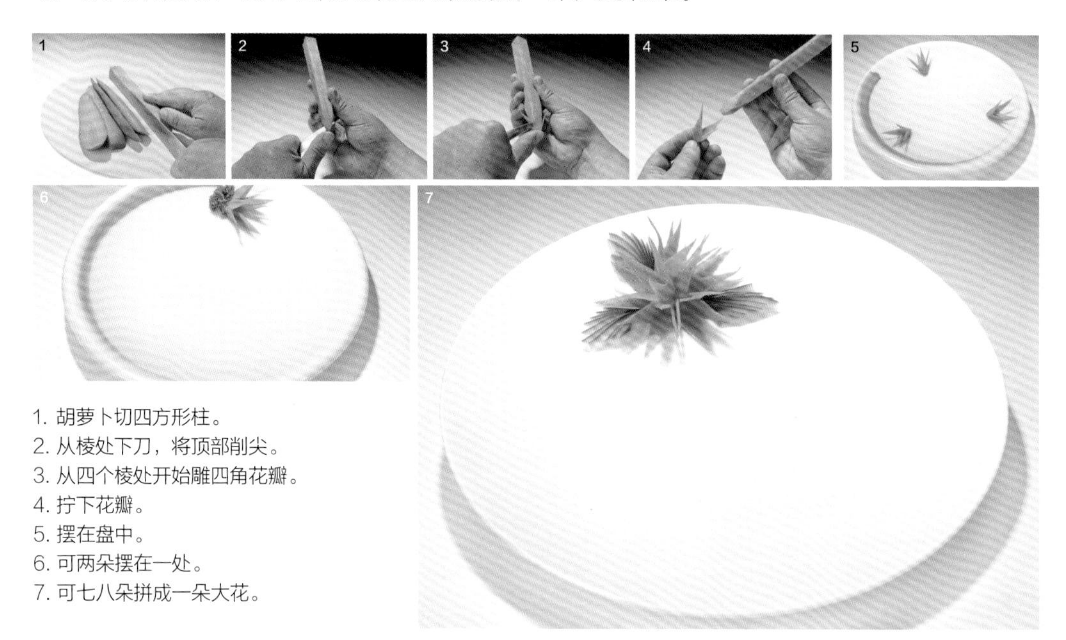

1. 胡萝卜切四方形柱。
2. 从棱处下刀，将顶部削尖。
3. 从四个棱处开始雕四角花瓣。
4. 拧下花瓣。
5. 摆在盘中。
6. 可两朵摆在一处。
7. 可七八朵拼成一朵大花。

② 加槽四角花　即在上一个四角花的基础上，在胡萝卜四方形柱的角上或棱上戳几个槽，然后再戳出花瓣。

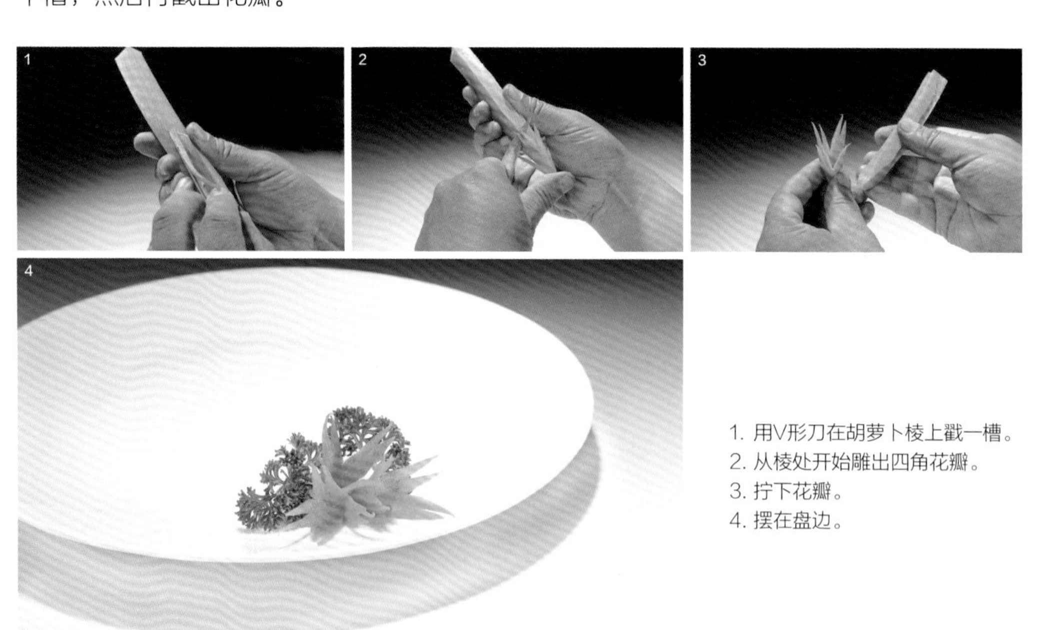

1. 用V形刀在胡萝卜棱上戳一槽。
2. 从棱处开始雕出四角花瓣。
3. 拧下花瓣。
4. 摆在盘边。

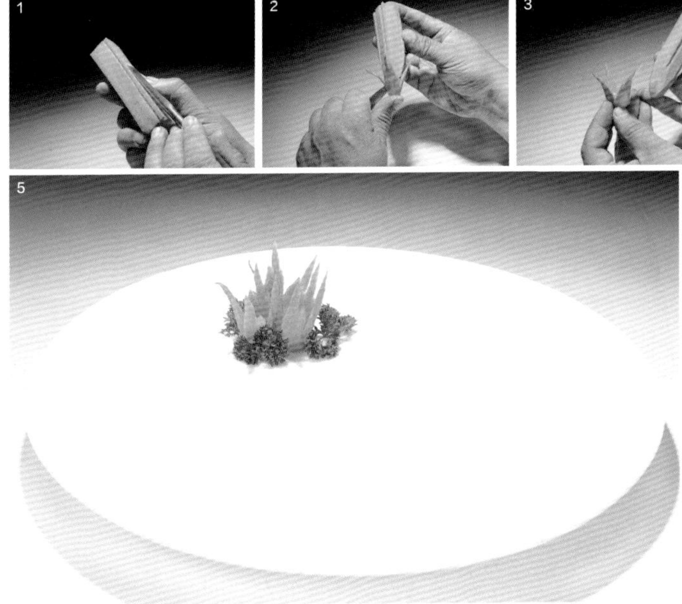

1. 在棱的两边戳两个槽。
2. 从棱处开始雕出四角花瓣。
3. 拧下花瓣。
4. 将花的根部切平。
5. 将花立着摆在盘中。

③ 天鹅　胡萝卜切成约3mm的片，然后在侧面雕出天鹅的大致形状，将翅膀部分片成两片，再从胸部将翅膀切开，将切口的前部插入后部使翅膀张开。

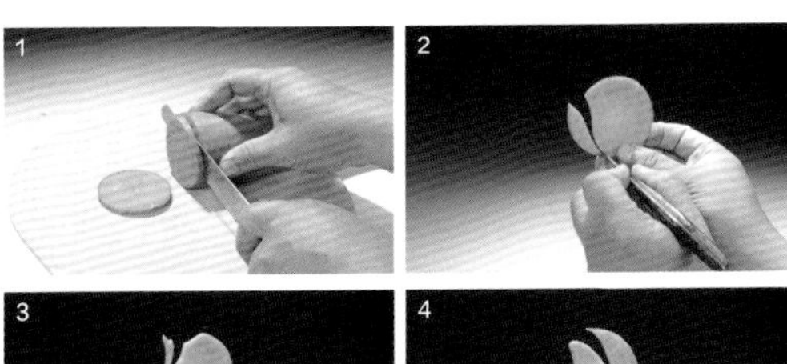

1. 胡萝卜切片。
2. 雕出天鹅脖子下部曲线。
3. 雕出天鹅的头部和脖子。
4. 雕出翅膀。
5. 雕出翅膀上的齿。
6. 将翅膀横着片开。
7. 将翅膀从上向下切断。
8. 将翅膀上部插入下部，使翅膀张开。
9. 用牙签固定在黄瓜墩上。

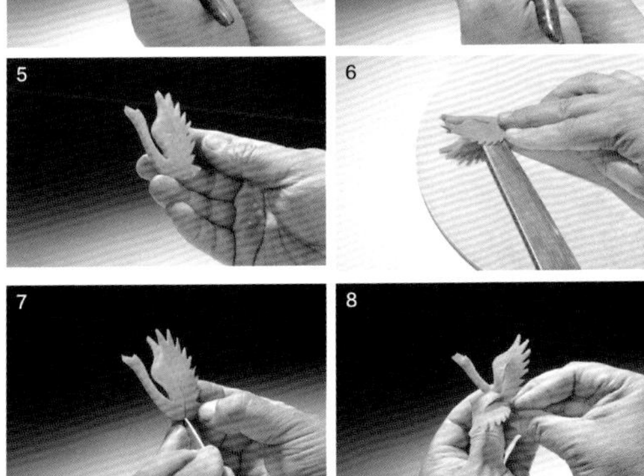

④ 蝴蝶　半根胡萝卜切连刀片，然后雕出蝴蝶的形状，再将头部插入身体使须和翅膀张开。

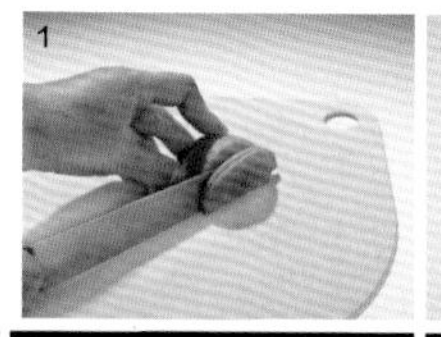

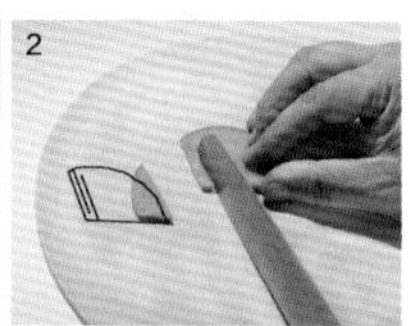

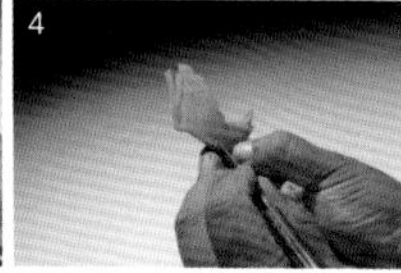

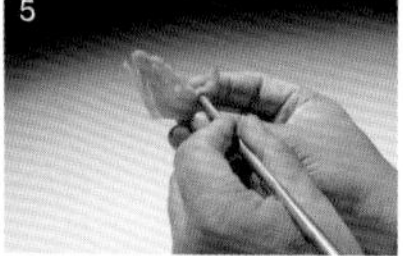

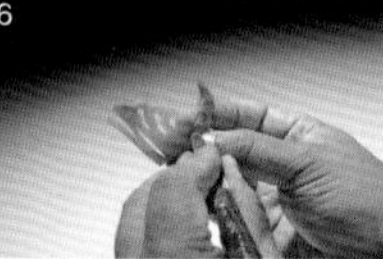

1. 半圆形胡萝卜切夹刀片（即两片连在一起）。
2. 两刀切出须子。
3. 雕出翅膀。
4. 雕出尾端。
5. 在翅膀上戳出小圆孔。
6. 雕出花纹。
7. 将须子插入身体中，使翅膀张开。
8. 将蝴蝶固定在黄瓜墩上即可。

⑤ 一指禅卷　将雕四角花时剩下的胡萝卜边皮修成长方形厚片，然后在原料上切一V形刀口，卷起用牙签固定在其他原料上。

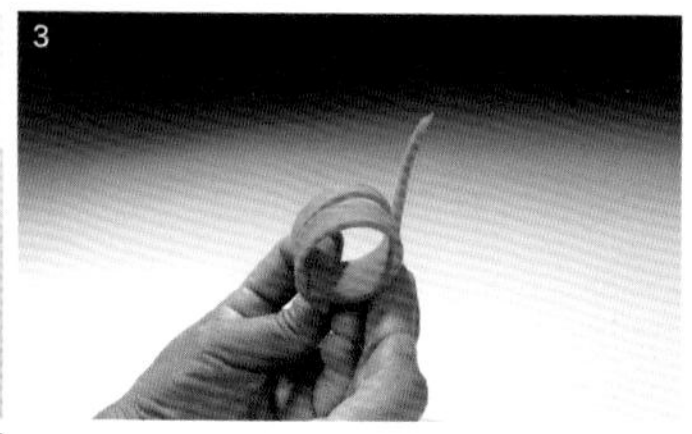

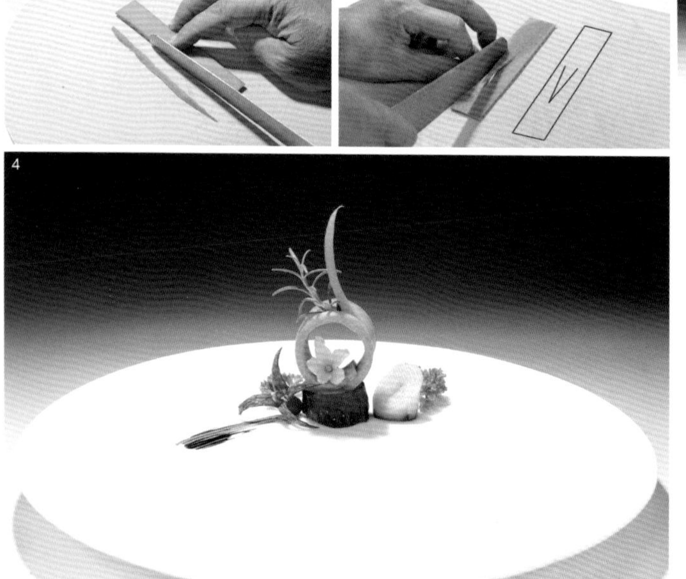

1. 胡萝卜切长方形厚片。
2. 在胡萝卜片上切一V形。
3. 将胡萝卜片卷起。
4. 将胡萝卜卷用牙签固定在黄瓜墩上，配上黄瓜卷、辣椒花等。

⑥ OK卷　同一指禅卷一样，在胡萝卜片上切三个V形刀口（位置要错开），然后再卷起。

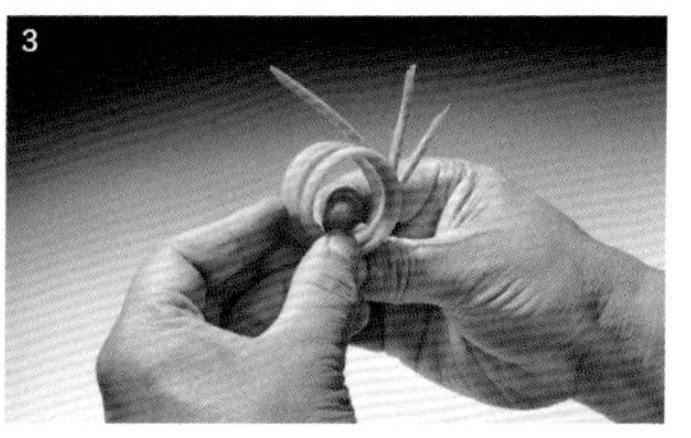

1. 胡萝卜切长方形厚片，然而切出一个V形。
2. 再错位切出两个V形槽。
3. 将胡萝卜片卷起。
4. 将胡萝卜卷用牙签固定在黄瓜墩上，插上红樱桃即可。

⑦ 草花卷　就像做果盘切西瓜皮花那样，将胡萝卜片切几个花刀卷起来。

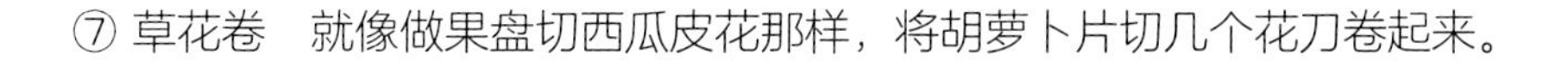

1. 在胡萝卜厚片上顺切四刀。
2. 在最外边缘切若干小齿。
3. 将胡萝卜片卷起。
4. 将胡萝卜卷固定在黄瓜墩上。
5. 配上黄瓜卷、法香等。

⑧ 蜗牛卷　在胡萝卜片上顺切四刀，然后将第二条第四条斜切开后卷起来。

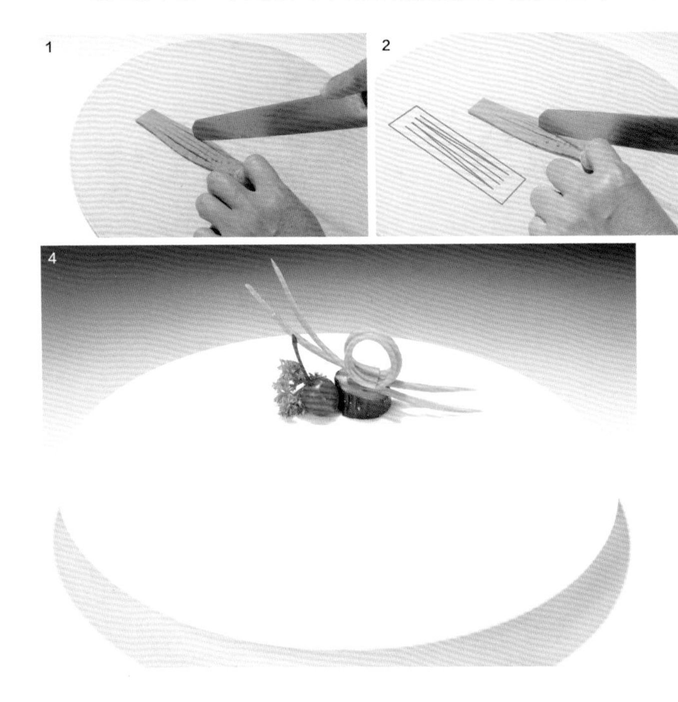

1. 胡萝卜片顺切四刀。
2. 将其中两条斜切断。
3. 将胡萝卜片卷起。
4. 将胡萝卜卷固定在黄瓜墩上，配红樱桃、法香即可。

⑨ 蝴蝶花　用削皮刀将胡萝卜削成较薄的片，顺切三四刀，然后将最外面的斜切开，卷起，与另一个反方向的胡萝卜卷拼成一个类似蝴蝶的花形。

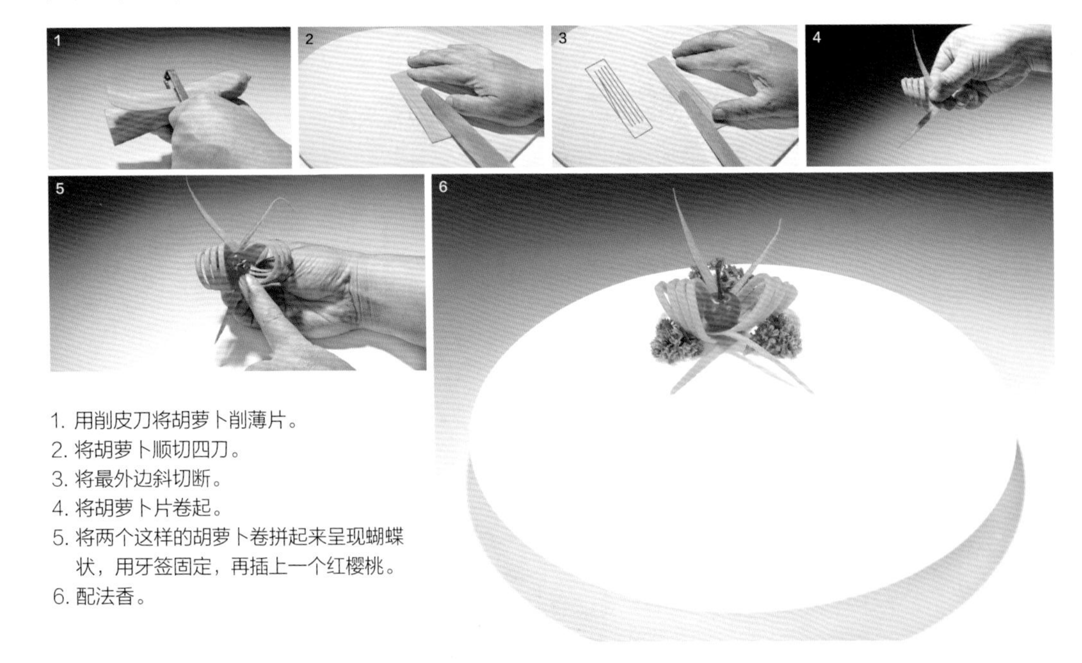

1. 用削皮刀将胡萝卜削薄片。
2. 将胡萝卜顺切四刀。
3. 将最外边斜切断。
4. 将胡萝卜片卷起。
5. 将两个这样的胡萝卜卷拼起来呈现蝴蝶状，用牙签固定，再插上一个红樱桃。
6. 配法香。

⑩ 麦穗　胡萝卜削成圆柱状，然后在侧面拉出麦粒和麦芒。

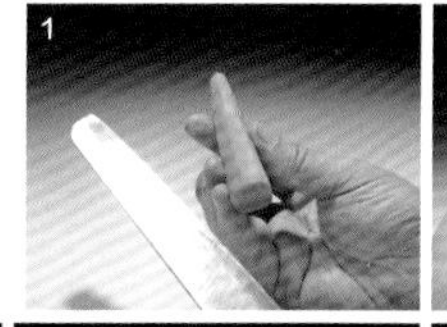

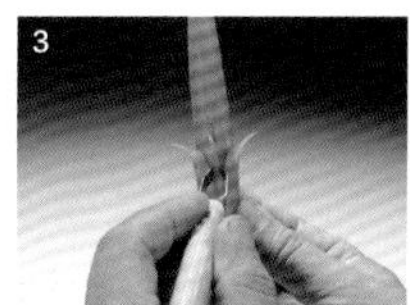

1. 胡萝卜削圆形柱。
2. 用圆环形拉刀拉出四个麦粒。
3. 再用V形拉刀拉出四个麦芒。
4. 继续向上拉出麦粒、麦芒。
5. 拉至尖部后将顶部修尖。
6. 挤土豆粉，将麦穗立在土豆粉上。
7. 用果酱画线。
8. 装饰法香、迷迭香、三色堇等。

⑪ 三折结　将胡萝卜切长方形厚片，然后在两端交错切一刀，再将其折叠起来。

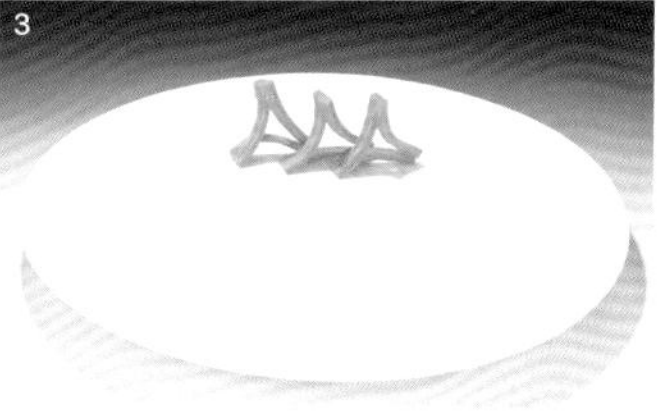
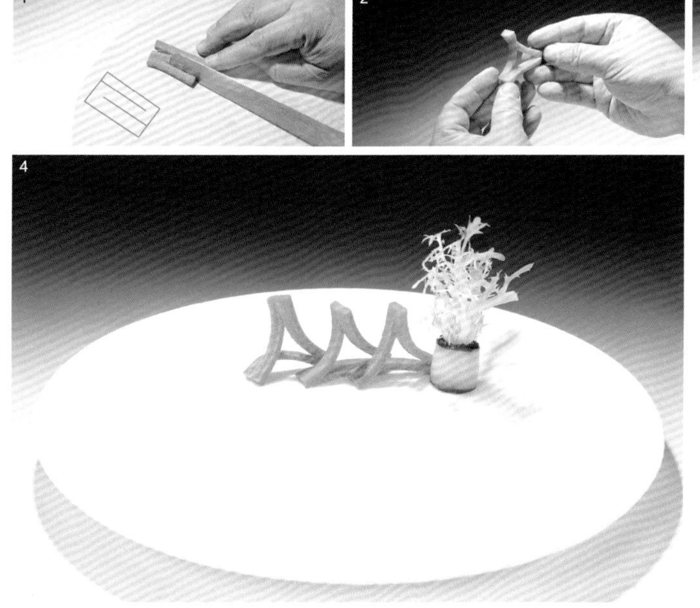

1. 胡萝卜切长方形厚片，然后在两端交错各切一刀。
2. 折起呈三角形。
3. 摆在盘中。
4. 搭配苦苣芯、黄瓜卷。

⑫ 五折结　将胡萝卜切长方形厚片，然后在两端交错切四刀，再将其折叠起来。

1. 胡萝卜切长方形厚片。
2. 在两侧交错切四刀。
3. 将胡萝卜条折叠起来。
4. 摆盘中后配苦苣、法香。

⑬ 杜鹃花　胡萝卜四角花的升级版。

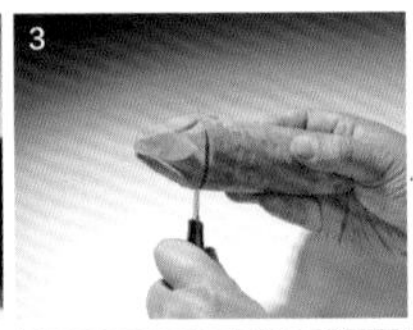

1. 在胡萝卜顶端切五个斜面，在斜面上划出花瓣形状。
2. 如此重复雕出五片花瓣。
3. 将花与原料分离。
4. 将花芯修成圆柱。
5. 在圆柱侧面上戳出一圈花芯。
6. 剔去一圈废料。
7. 再戳出一圈花芯。
8. 拿下废料。
9. 摆盘边装饰果酱线、羊齿叶。

3. 西红柿（圣女果）在盘饰中的应用

① 玫瑰花　从西红柿顶部将皮螺旋片到蒂部，然后将皮卷成玫瑰花形状。

1. 从西红柿顶部开始削薄片。
2. 一直削到西红柿的底部。
3. 将削下的果皮卷成花状。
4. 摆盘中，配上黄瓜切出的叶和藤蔓。

② 寿桃　将半个西红柿切V字刀，然后向前方推出形成桃形。

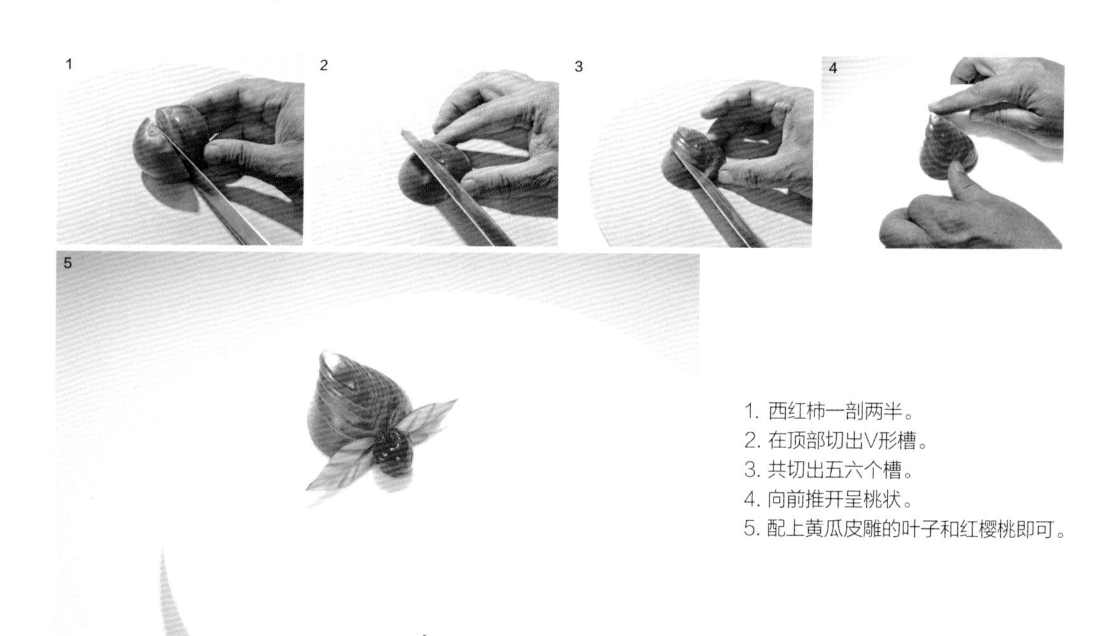

1. 西红柿一剖两半。
2. 在顶部切出V形槽。
3. 共切出五六个槽。
4. 向前推开呈桃状。
5. 配上黄瓜皮雕的叶子和红樱桃即可。

③ 小兔子　将圣女果切下一小块雕成耳朵形，再插入原料中做成小兔子。

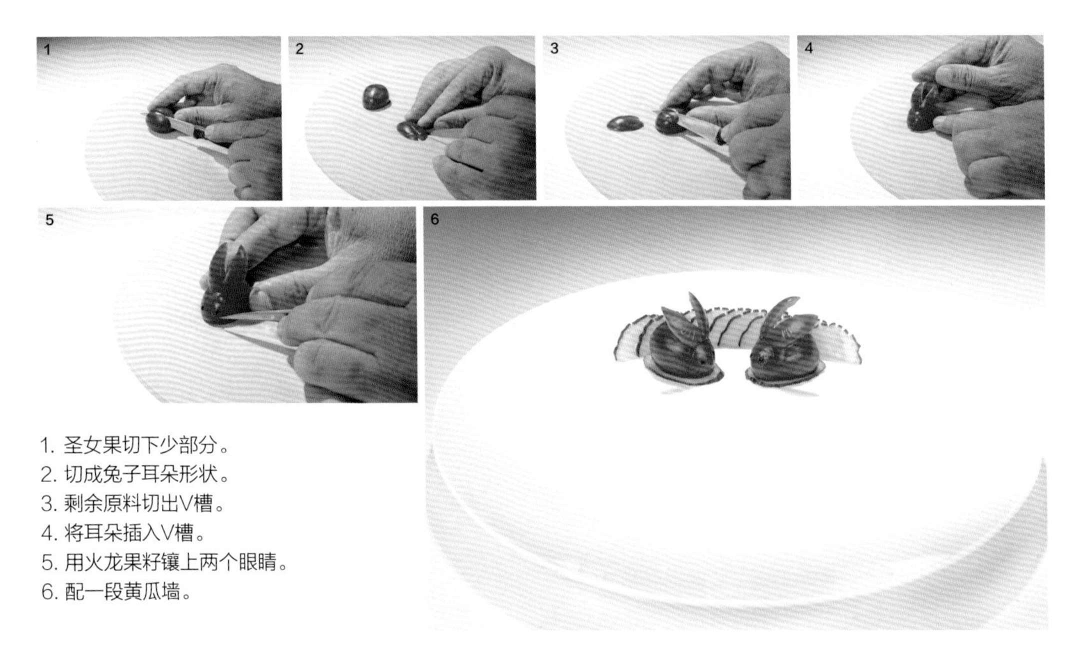

1. 圣女果切下少部分。
2. 切成兔子耳朵形状。
3. 剩余原料切出V槽。
4. 将耳朵插入V槽。
5. 用火龙果籽镶上两个眼睛。
6. 配一段黄瓜墙。

④ 企鹅　在圣女果上插上嘴巴和眼睛，再雕出翅膀即成企鹅。

1. 圣女果切下底部。
2. 在圣女果上部雕出一个三角形。
3. 黄瓜雕出尖形嘴。
4. 将嘴插入三角形口中。
5. 插入两个仿真眼。
6. 雕出两个翅膀。
7. 将翅膀向外撬起。
8. 摆在盘中。

⑤ 火焰山　将圣女果底部切下，在侧面切出V字形状推出，再用牙签插上底部。

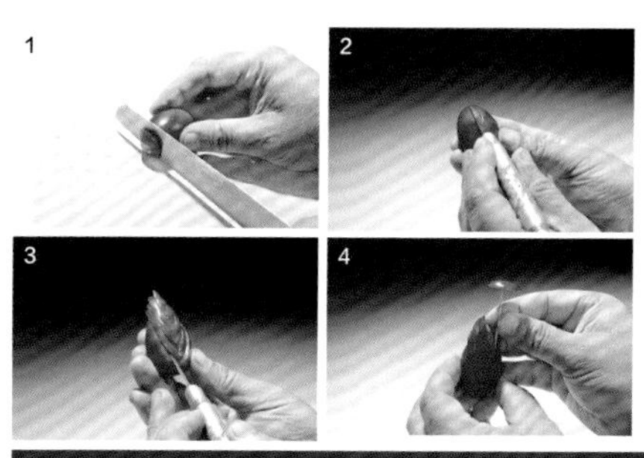

1. 圣女果切下底部。
2. 侧面切槽。
3. 切出五六个槽后向前推出。
4. 将切下的底部用牙签穿起，插在圣女果上。
5. 配上法香。
6. 也可以用其他原料雕个鸟头，组合起来。

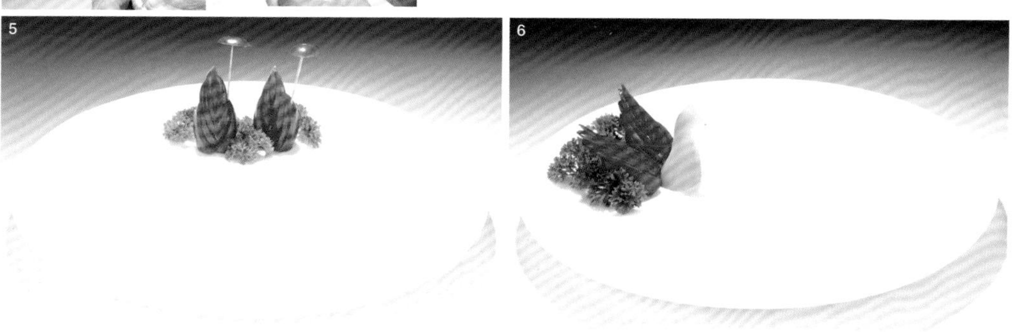

⑥ 五瓣花　在圣女果侧面雕出五个花瓣再向外张开。

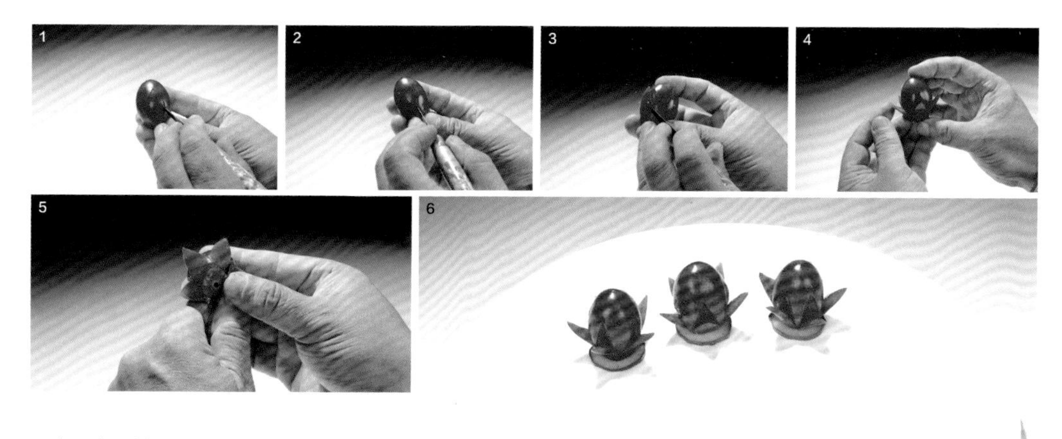

1. 在圣女果侧面雕出一个花瓣。
2. 共雕出五个花瓣。
3. 用刀将花瓣与圣女果割开。
4. 将花瓣向外撬起。
5. 将底部切平。
6. 配黄瓜片摆盘中。

4. 油菜在盘饰中的应用

① 菊花　在油菜帮上戳出一条一条的花瓣，用清水泡卷曲形成菊花。

1. 油菜切去叶子。
2. 用U形戳刀在油菜帮上戳出若干个花瓣。
3. 拽下废料。
4. 将每个油菜帮都雕出花瓣。
5. 放入水中浸泡。
6. 用油菜叶、辣椒丝装饰。

② 月季花　将油菜帮的根部削圆削薄，形成月季花的形状。

1. 将油菜叶切下。
2. 将油菜帮削圆削薄。
3. 每个油菜帮都削薄削圆。
4. 用牙签固定在心里美萝卜圆环上。

5. 水萝卜在盘饰中的应用

① 水萝卜片　水萝卜最简单的方法就是切成薄片，与其他原料配合摆在盘边，色彩鲜艳亮丽，质感水嫩诱人。

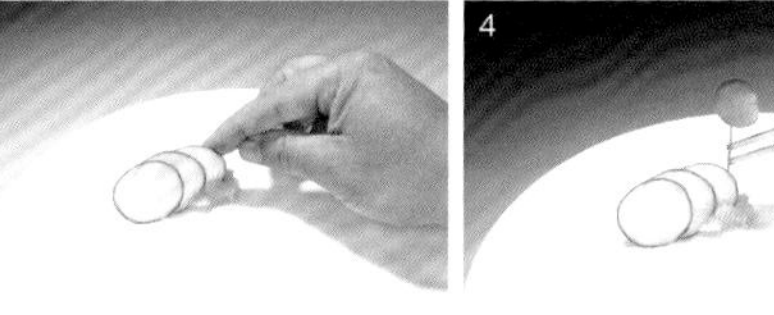

1. 水萝卜切薄片。
2. 在盘中挤一点土豆粉。
3. 将水萝卜片立在土豆粉上。
4. 插几棵金钱草。
5. 画果酱线，加法香、三色堇、圣女果装饰即可。

② 菊花。

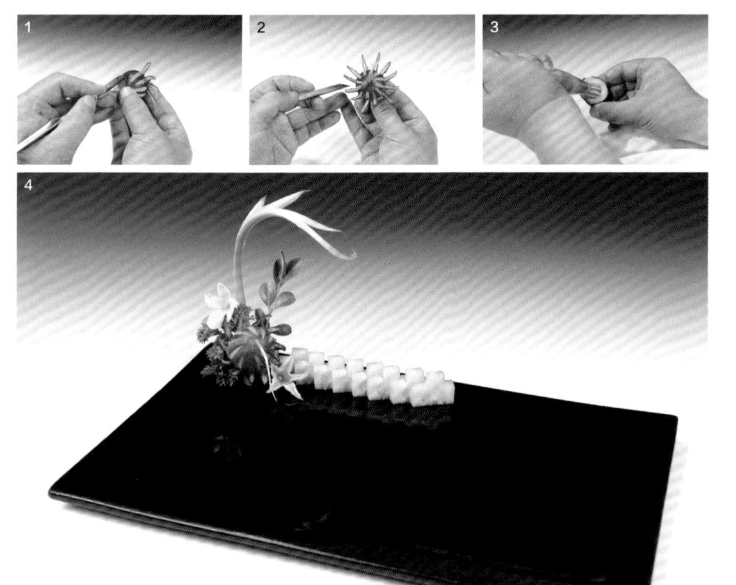

1. 用小V形戳刀在水萝卜上戳出条状花瓣。
2. 戳出一圈这样的花瓣。
3. 黄瓜段挖空，挤入土豆粉。
4. 将水萝卜用牙签插入土豆粉中，配蒜薹、米兰叶、黄瓜墙。

③ 大丽花。

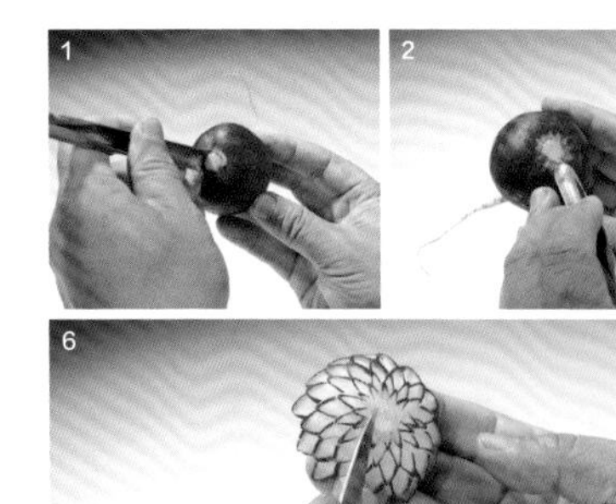

1. 用U形刀在水萝卜顶部戳出大丽花花芯。
2. 换V形刀戳出第一层花瓣。
3. 戳出第二层花瓣。
4. 戳出第三层、第四层、第五层花瓣。
5. 将花与底部分开。
6. 将花芯雕成格状。
7. 配上胡萝卜雕的吉他，以及法香和黄瓜做的小草。

④ 灯笼。

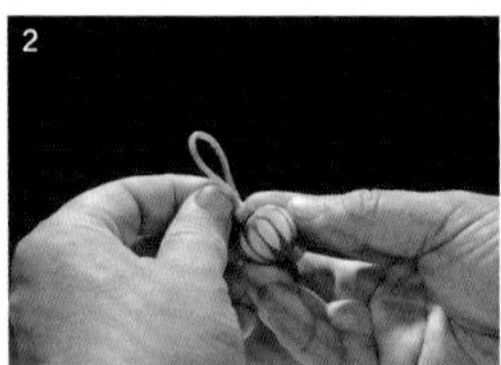

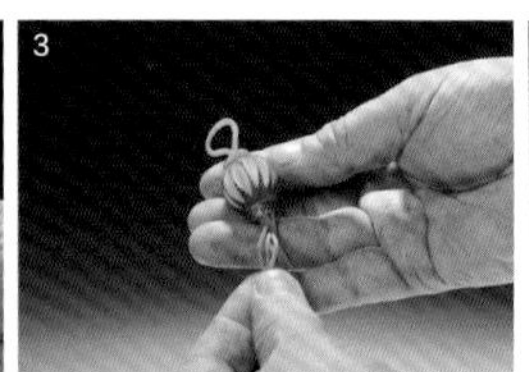

1. 水萝卜侧面切槽。
2. 用辣椒圈粘在上下两端，粘上胡萝卜丝。
3. 再粘上胡萝卜丝做的灯笼穗。
4. 将灯笼摆盘中即可。
5. 也可将灯笼挂在萝卜雕的门楼上。

⑤ 水萝卜扇。

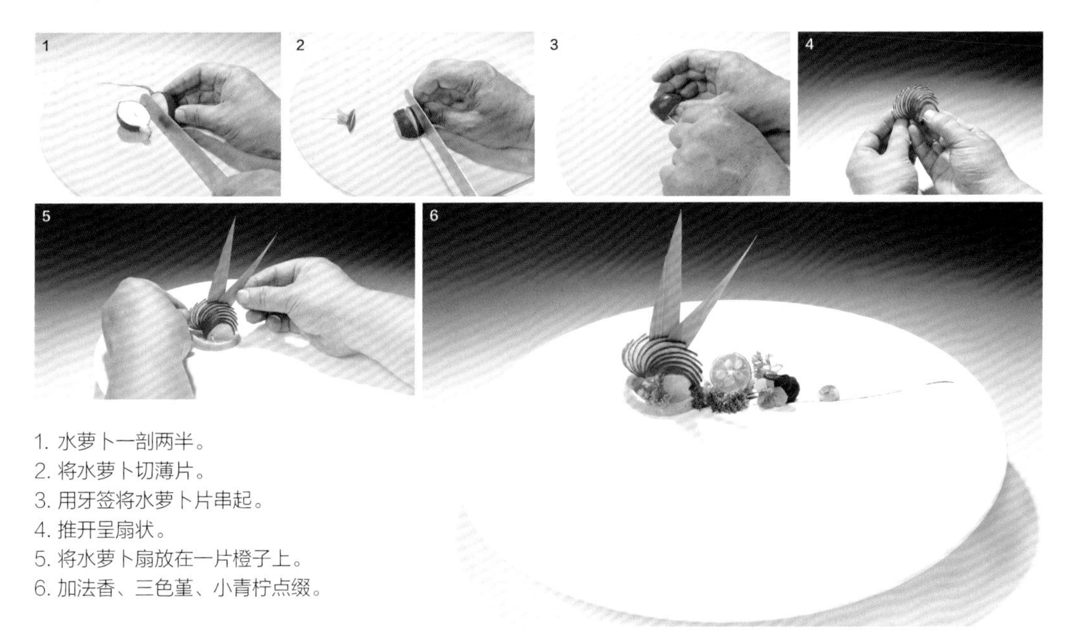

1. 水萝卜一剖两半。
2. 将水萝卜切薄片。
3. 用牙签将水萝卜片串起。
4. 推开呈扇状。
5. 将水萝卜扇放在一片橙子上。
6. 加法香、三色堇、小青柠点缀。

⑥ 老鼠。

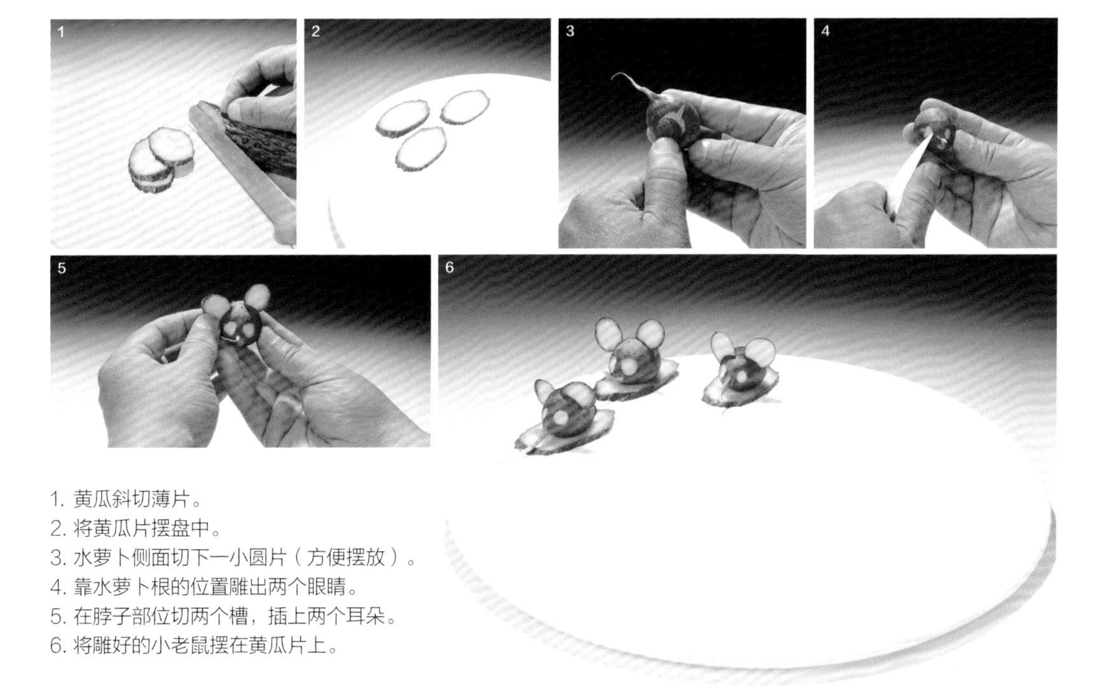

1. 黄瓜斜切薄片。
2. 将黄瓜片摆盘中。
3. 水萝卜侧面切下一小圆片（方便摆放）。
4. 靠水萝卜根的位置雕出两个眼睛。
5. 在脖子部位切两个槽，插上两个耳朵。
6. 将雕好的小老鼠摆在黄瓜片上。

⑦ 睡莲花。

1. 水萝卜横切开。
2. 雕出花瓣。
3. 在花瓣的皮上雕出倒着的V形。
4. 雕出花瓣向外撬开。
5. 在水萝卜瓤上再雕一层花瓣。
6. 将花摆盘中，用红樱桃、黄瓜片、法香、小青柠点缀。

6. 茄子在盘饰中的应用

① 百合花。

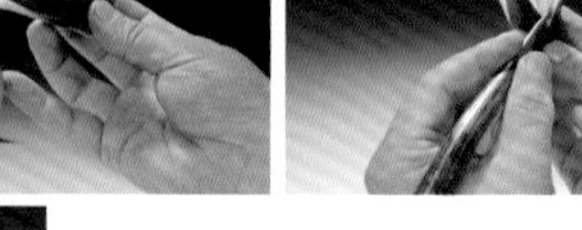

1. 紫茄子切段。
2. 侧面雕出花瓣。
3. 将茄子分开。
4. 将茄子皮切开，向外撬开。
5. 将茄子花摆在果酱画线上，点缀法香、三色堇、辣椒圈、小青柠、秋葵等。

② 杜鹃花。

1. 茄子剖开。
2. 切六连刀片。
3. 将花瓣向两侧撑开。
4. 拼成花形。
5. 红樱桃做花芯，黄瓜羽毛片做花叶。
6. 用三色堇、果酱画点缀。

③ 卡通人。

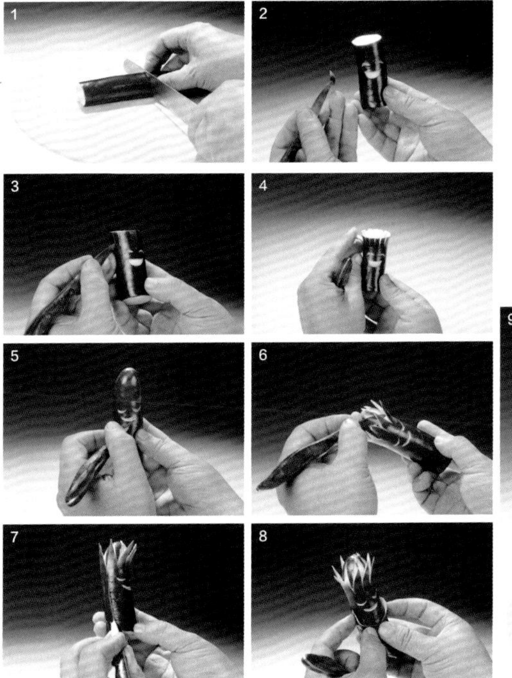

1. 茄子切段。
2. 在侧面雕出眼睛和嘴。
3. 雕出头发。
4. 将头发向外张开。
5. 在另一段茄子侧面雕出眼睛和嘴。
6. 雕出尖形的头发。
7. 雕出胳膊。
8. 将胳膊在前面粘起。
9. 将两个卡通人摆在盘中，配法香、胡萝卜花、红樱桃。

7. 大葱在盘饰中的应用

① 风车花　用大葱白做成像风车一样的花。

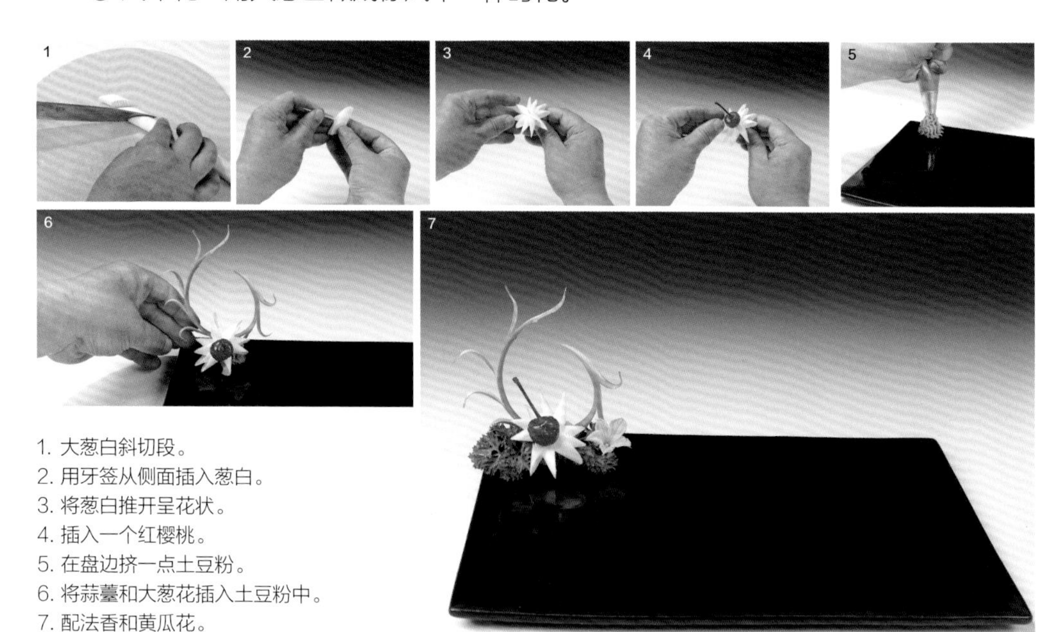

1. 大葱白斜切段。
2. 用牙签从侧面插入葱白。
3. 将葱白推开呈花状。
4. 插入一个红樱桃。
5. 在盘边挤一点土豆粉。
6. 将蒜薹和大葱花插入土豆粉中。
7. 配法香和黄瓜花。

② 葱香菊。

1. 大葱白切段。
2. 从上向下将葱白切细丝，根部相连。
3. 将葱丝向外推开呈菊花状态。
4. 在盘边挤一点土豆粉。
5. 嵌入葱菊花。
6. 配法香、圣女果、情人草、韭菜薹。

8. 洋葱在盘饰中的应用

① 心心相印　用洋葱雕出两个心形串在一起。

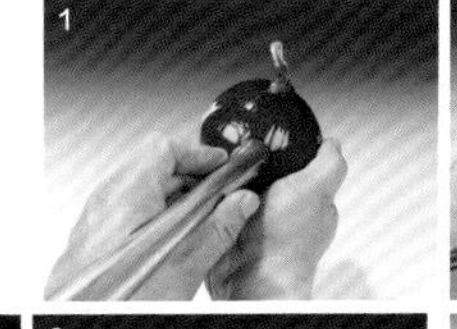

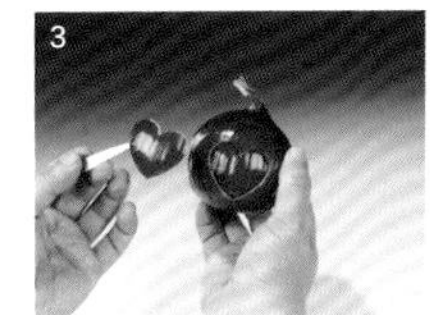

1. 用U形刀在洋葱表面戳两个圆弧。
2. 顺着圆弧雕出心形。
3. 取下心形。
4. 在里面一层再雕出一个心形。
5. 用牙签将两个心形串在一起。
6. 将心形立在土豆粉上。
7. 果酱画线条。
8. 配上黄瓜花、绿叶等。

② 洋葱圈　洋葱切圈摆在盘边。

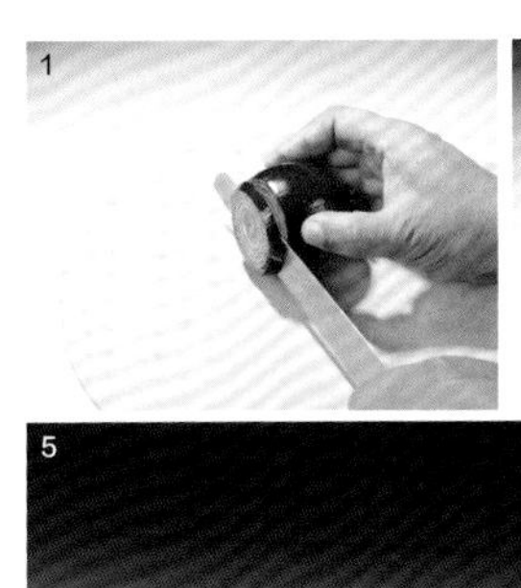

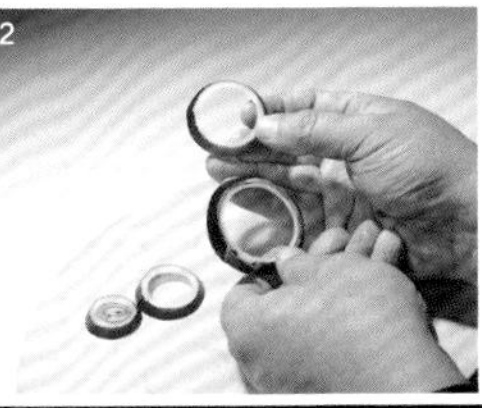

1. 洋葱顶刀切厚片。
2. 拆出洋葱圈。
3. 将苦苣芯插入小洋葱圈中。
4. 将苦苣芯立在盘边，摆上洋葱圈，点缀胡萝卜花和法香。
5. 也可将两个洋葱圈立在盘边的土豆粉上，点缀法香、绿叶、胡萝卜花、红樱桃等。

③ 洋葱结。

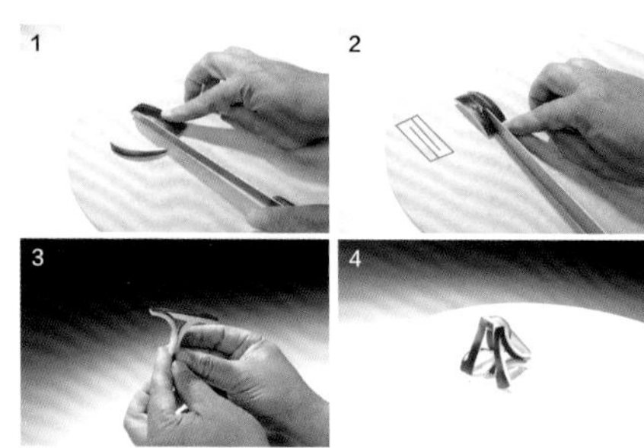

1. 洋葱切长方形块。
2. 在洋葱块两侧错位各切一刀。
3. 将洋葱折起。
4. 将几个洋葱结互相倚靠立盘边。
5. 点缀苦苣芯、胡萝卜结。
6. 也可将洋葱结、胡萝卜结换个位置摆放。

④ 小船。

1. 取下一洋葱芯摆盘中。
2. 插上一株迷迭香。
3. 再插入一点苦苣芯。
4. 点缀洋葱圈、胡萝卜结、红樱桃。

⑤ 莲花。

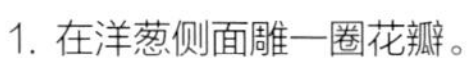

1. 在洋葱侧面雕一圈花瓣。
2. 取下废料。
3. 雕出第二层花瓣，取废料。
4. 雕出第三层花瓣，取废料。
5. 雕出花芯。
6. 将最外层取下。
7. 将花摆盘中，第一层花瓣要翻过来垫底部。
8. 配上黄瓜羽毛片和红樱桃。

9. 蒜薹在盘饰中的应用

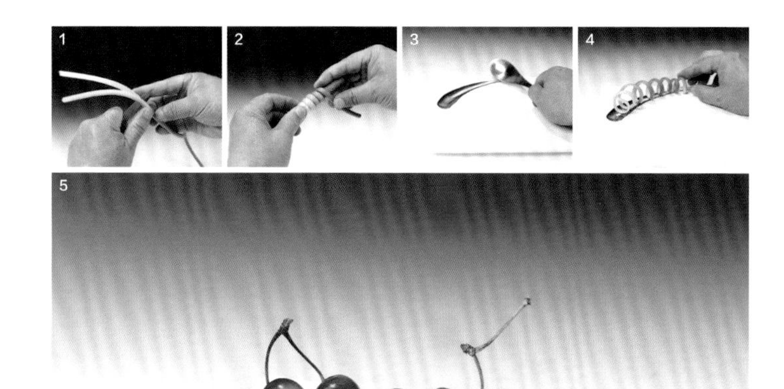

利用蒜薹侧面切花刀后泡水中会弯曲变形的特点来制作各种盘饰。

① 螺旋蒜薹。

1. 将蒜薹剖开。
2. 将剖开的蒜薹缠在一根圆柱上，多缠一会。
3. 在盘边抹果酱线。
4. 将螺旋蒜薹摆在果酱线上。
5. 摆上大樱桃。

② 蒜薹圈。

1. 将蒜薹侧面切花刀。
2. 将蒜薹泡水中变硬。
3. 将蒜薹圈立在土豆粉上。
4. 插入米兰叶，搭配胡萝卜花、法香、小花等。

③ 蒜薹爱心圈。

1. 蒜薹剖开后用清水泡硬。
2. 将泡过的蒜薹弯成圆插入土豆粉中，再插入一个胡萝卜雕出的心形。
3. 配上米兰叶、小玫瑰花、法香、小青柠等。
4. 也可换成黄瓜片拼的心形，配胡萝卜花、红樱桃等。

④ 小蒜薹卷。

1. 蒜薹剖开。
2. 侧面切花刀。
3. 放水中泡至卷曲。
4. 在盘中挤两点土豆粉。
5. 压入蒜薹卷。
6. 点缀胡萝卜花、水萝卜片、法香等。

⑤ 云雾蒜薹卷。

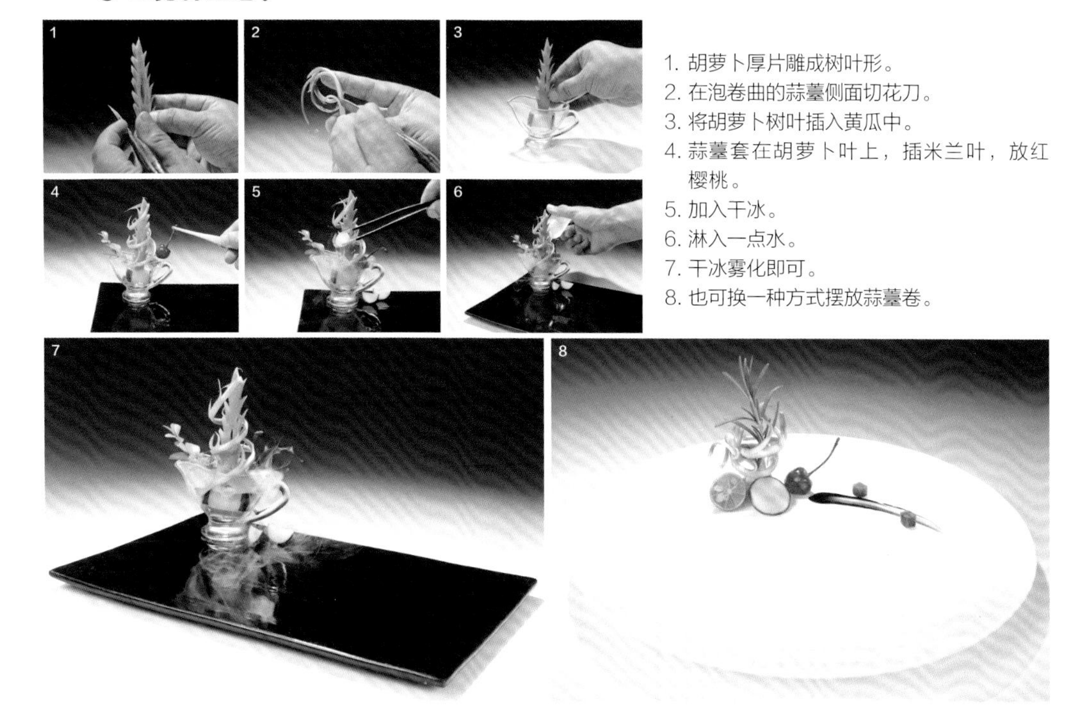

1. 胡萝卜厚片雕成树叶形。
2. 在泡卷曲的蒜薹侧面切花刀。
3. 将胡萝卜树叶插入黄瓜中。
4. 蒜薹套在胡萝卜叶上，插米兰叶，放红樱桃。
5. 加入干冰。
6. 淋入一点水。
7. 干冰雾化即可。
8. 也可换一种方式摆放蒜薹卷。

⑥ 大蒜薹卷。

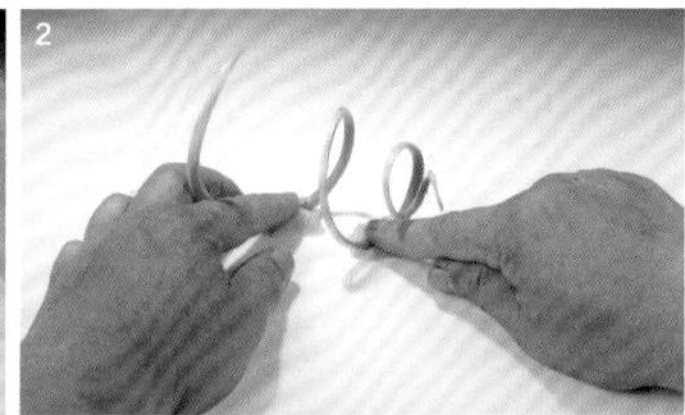

1. 在盘中挤土豆粉。
2. 压入泡过的蒜薹卷。
3. 在土豆粉中插入情人草、小玫瑰花，点缀法香、三色堇、樱桃。

⑦ 彩虹蒜薹。

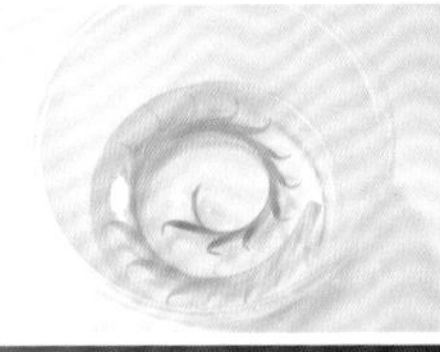

1. 切过花刀的蒜薹放清水中泡硬。
2. 黄瓜卷中挤入土豆粉。
3. 胡萝卜雕一朵杜鹃花。
4. 将蒜薹插入黄瓜卷中。
5. 插入米兰叶和胡萝卜花。
6. 点缀一颗红樱桃即可。

第三部分 切切摆摆做盘饰

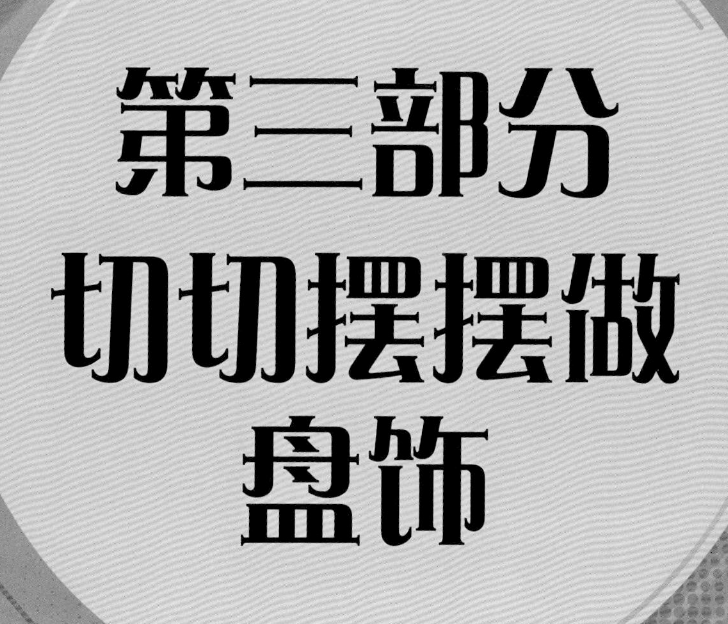

1. 一枝独秀

1. 胡萝卜雕四角花。
2. 将七八只四角花拼成一朵大花。
3. 黄瓜切菱形片。
4. 切羽毛状。
5. 将羽毛片推开。
6. 将黄瓜羽毛片摆胡萝卜花旁，画果酱线和一只蝴蝶，点缀三色堇。
7. 也可配法香等。

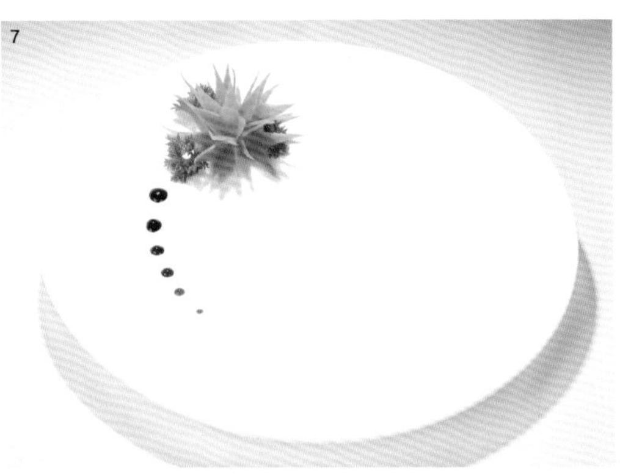

2. 报春枝

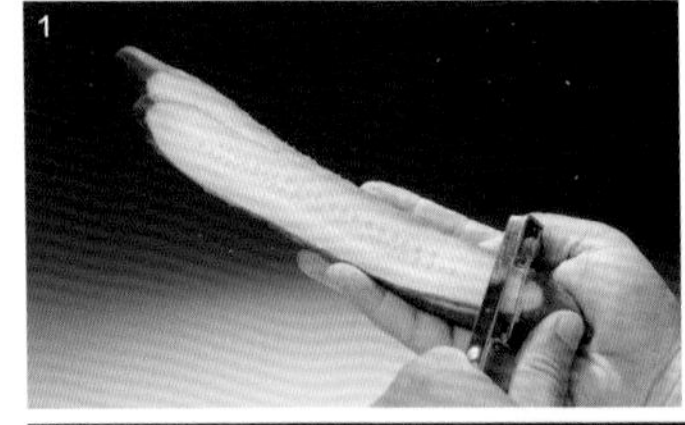

1. 用削皮刀将黄瓜削出两个薄片。
2. 将其中一片卷成卷。
3. 将另一片放清水中泡一会，卷成环，用迎春枝固定。
4. 将两黄瓜卷摆盘中，夹一段迷迭香，搭配胡萝卜花、红樱桃等。

3. 百年好合

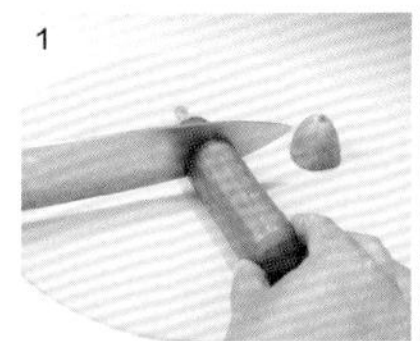
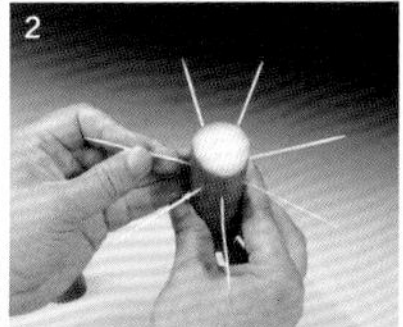
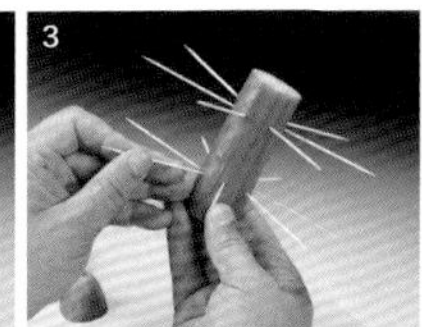
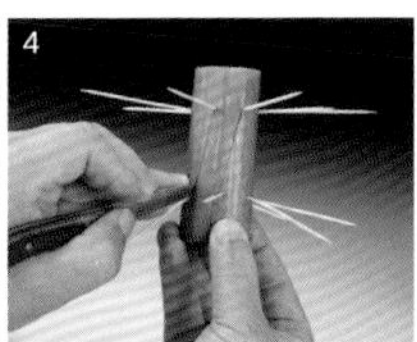
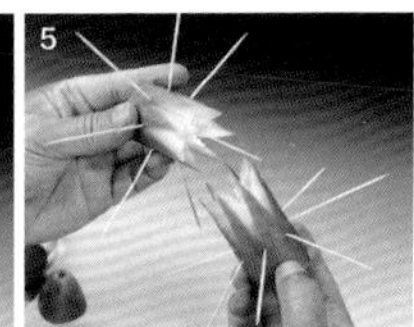
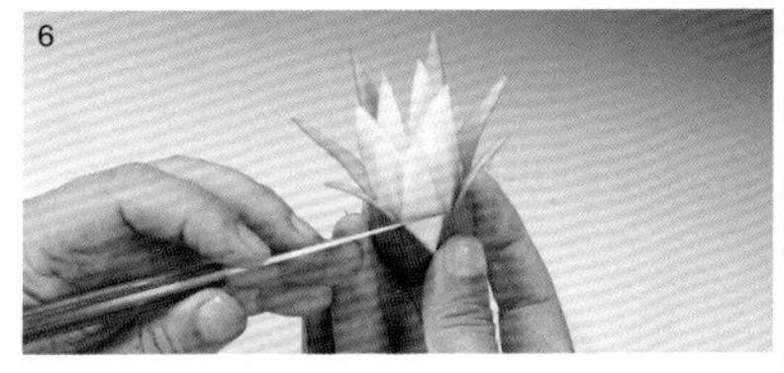

1. 黄瓜切段。
2. 在一端均匀插入8个牙签定位。
3. 在另一端错位插入8个牙签。
4. 沿牙签的位置雕出齿状。
5. 将黄瓜分离。
6. 将黄瓜皮雕出，并向外撬开。
7. 将花摆盘中，搭配法香、红樱桃、三色堇、果酱等。

4. 相聚

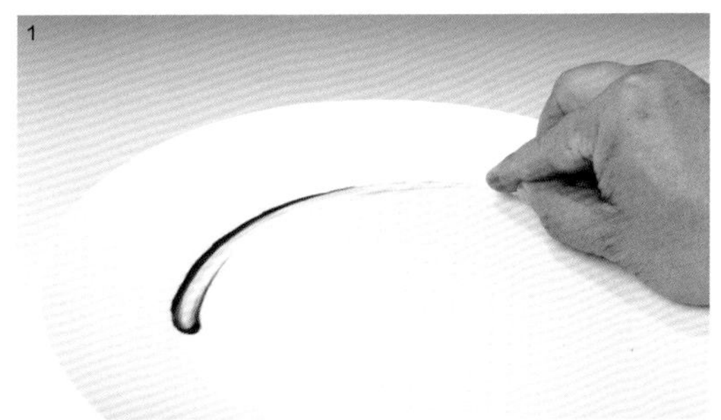

1. 抹一段果酱线。
2. 摆上圣女果、小青柠、雏菊、蓬莱松、金钱草、三色堇。
3. 完成。

5. 翠玉五环

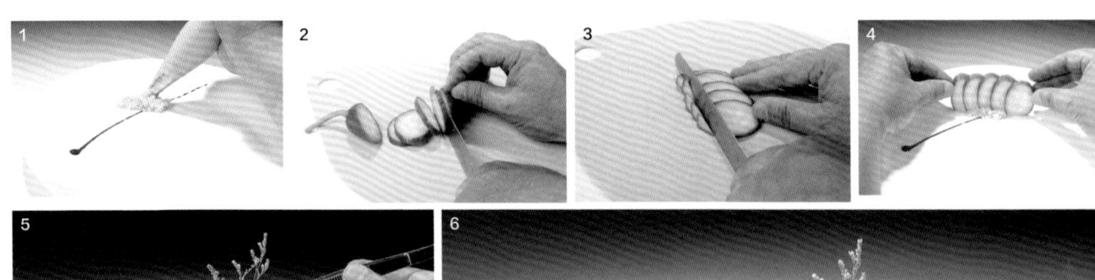

1. 用果酱笔在盘子上画条线，挤一点土豆粉在果酱线上。
2. 黄瓜斜切片。
3. 将黄瓜片底部切一刀。
4. 将黄瓜片立在土豆粉上。
5. 插一株情人草，配一点蓬莱松。
6. 点缀一点水萝卜片和三色堇等。

6. 金钱草

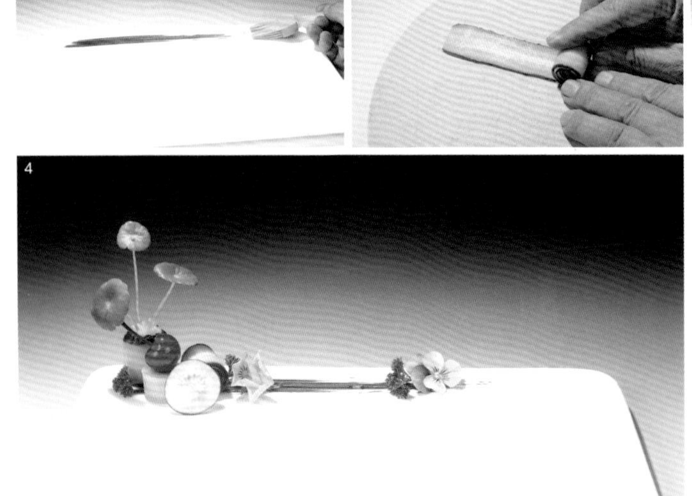

1. 用软刷在盘上画一段果酱线。
2. 黄瓜削薄片，卷成卷。
3. 将黄瓜卷摆果酱线上，其中一个黄瓜卷挤入土豆粉。
4. 插入金钱草，搭配水萝卜片、红樱桃、三色堇、法香。

7. 凤尾花

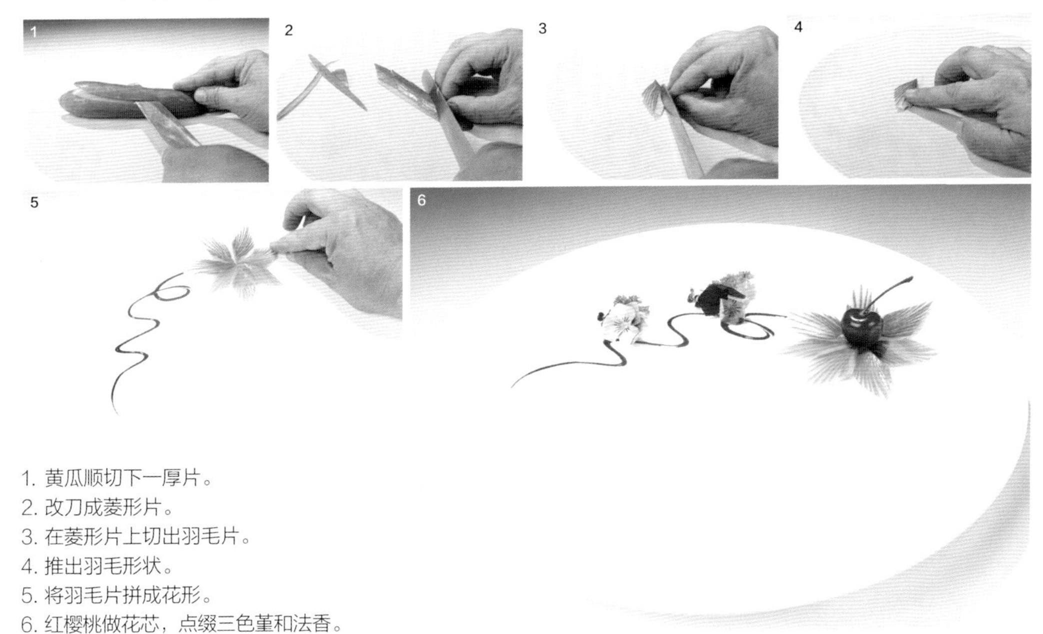

1. 黄瓜顺切下一厚片。
2. 改刀成菱形片。
3. 在菱形片上切出羽毛片。
4. 推出羽毛形状。
5. 将羽毛片拼成花形。
6. 红樱桃做花芯，点缀三色堇和法香。

8. 妖娆

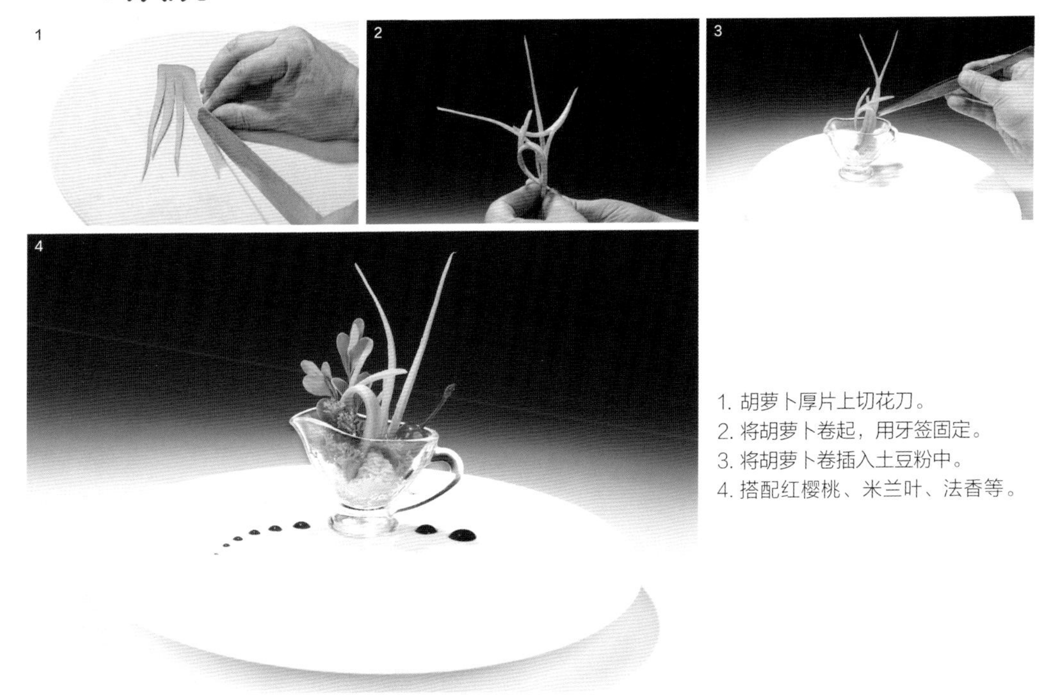

1. 胡萝卜厚片上切花刀。
2. 将胡萝卜卷起，用牙签固定。
3. 将胡萝卜卷插入土豆粉中。
4. 搭配红樱桃、米兰叶、法香等。

9. 螺旋黄瓜卷

1. 黄瓜削薄片。
2. 卷成螺旋状的卷。
3. 用牙签固定底部。
4. 将底部切平。
5. 画一条果酱线。
6. 将黄瓜卷立果酱线上，配切开的黄瓜卷、圣女果、米兰叶、三色堇即可。

10. 金麦穗

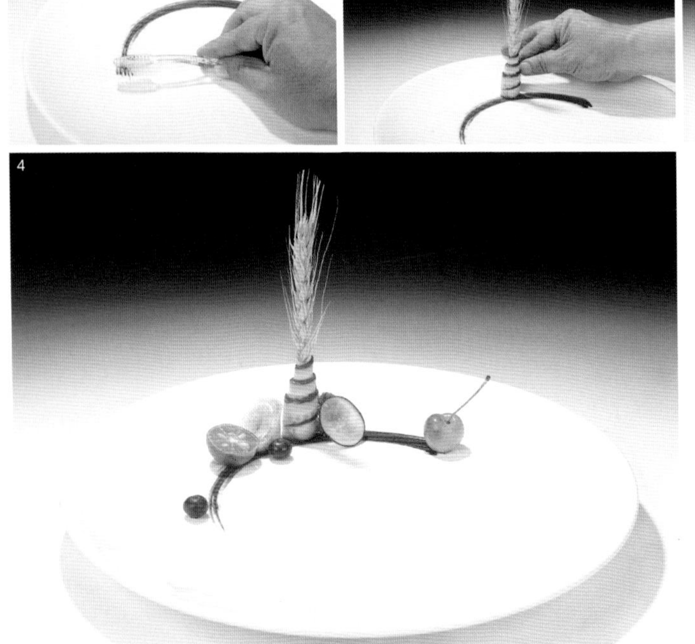

1. 用牙刷在盘上画一段弧线。
2. 黄瓜片卷一只麦穗立果酱线上。
3. 搭配水萝卜片、小青柠和切开的黄瓜卷。
4. 再搭配些蓝莓、大樱桃。

11. 步步高升

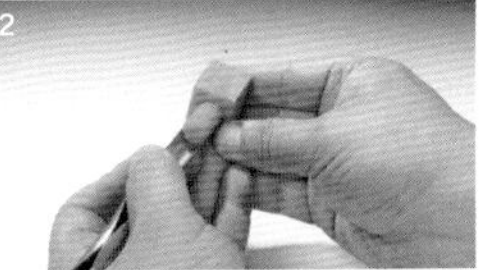

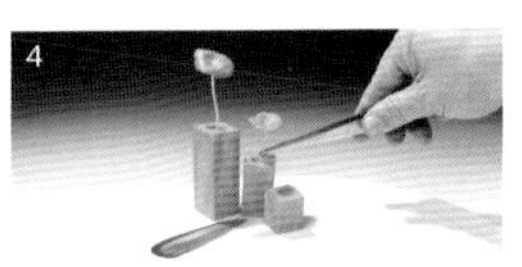

1. 将胡萝卜切成同长度的长方柱。
2. 用U形刀将胡萝卜挖空。
3. 用手指抹一段果酱线。
4. 将胡萝卜摆果酱线上，插入几株金钱草。
5. 搭配三色堇、小青柠等即可。

12. 连心果

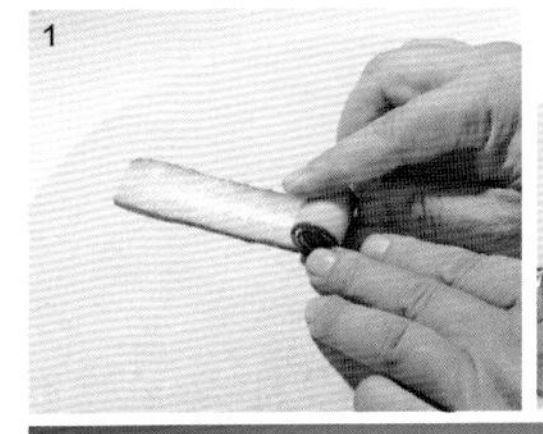
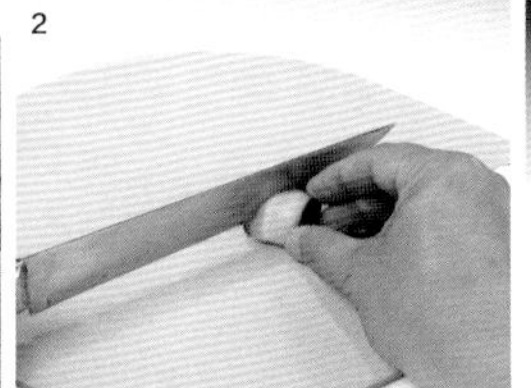

1. 黄瓜削薄片，卷起。
2. 将黄瓜卷斜切开。
3. 盘上画果酱线。
4. 将黄瓜卷、大樱桃、小雏菊、小青柠摆在果酱线上。
5. 再点缀点米兰叶、蓬莱松即可。

13. 工业之花

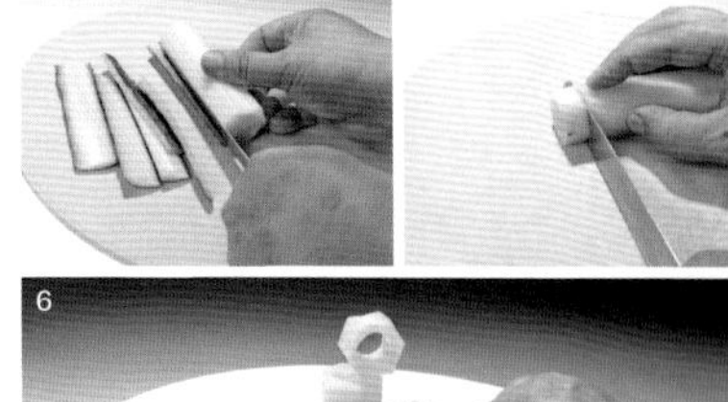
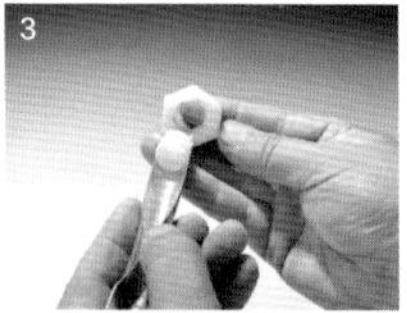

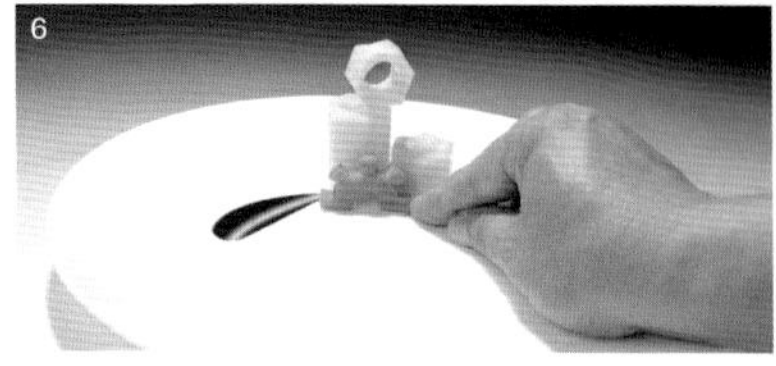

1. 黄瓜切六棱柱。
2. 切不同高度的厚片。
3. 用U形刀戳圆洞呈螺母状。
4. 半片胡萝卜雕成齿轮状。
5. 用调羹抹出果酱线。
6. 将螺母齿轮摆在果酱线上。
7. 搭配水萝卜花、迷迭香、石竹花、蓬莱松即可。

14. 繁红

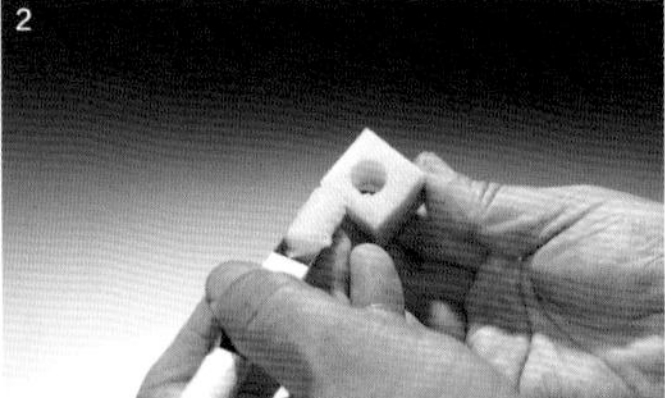

1. 金橘、黄瓜、绿萝卜切方块。
2. 绿萝卜戳圆洞，挤入土豆粉。
3. 将萝卜块、黄瓜丁、金橘丁摆盘边，插入泡好的蒜薹。
4. 搭配红辣椒圈、法香。

15. 冬景

1. 绿萝卜切厚片。
2. 雕出小房子形状。
3. 粘上胡萝卜条做房檐。
4. 胡萝卜切长方形厚片，从两侧下刀各切入2/5深。
5. 在胡萝卜的两个侧面上连续斜向切1/2深。
6. 推开呈栅栏状。
7. 将小房子立在土豆粉上，搭配小枫叶、蓬莱松、红樱桃。
8. 均匀地撒一层糖粉。

16. 红装

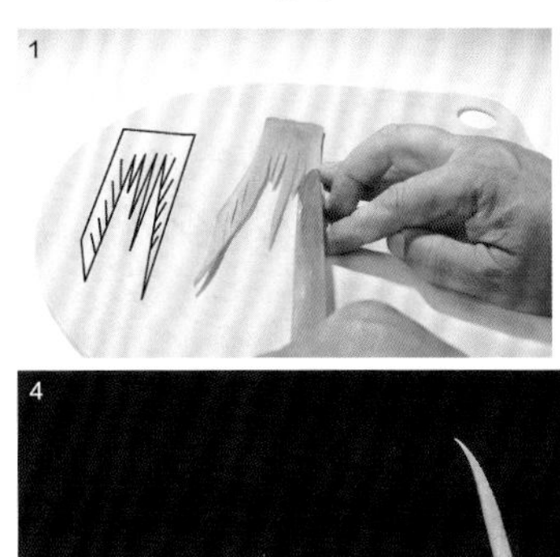

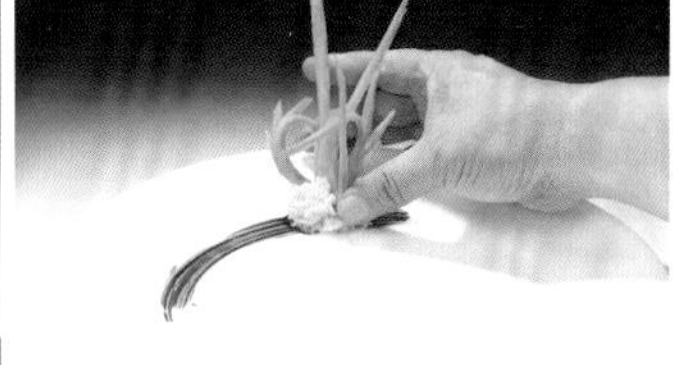

1. 胡萝卜切厚片，然后切成各种齿状。
2. 向两侧翻卷，用牙签固定住。
3. 插入土豆粉中。
4. 搭配小青柠、红樱桃、情人草、法香。

17. 冬日恋歌

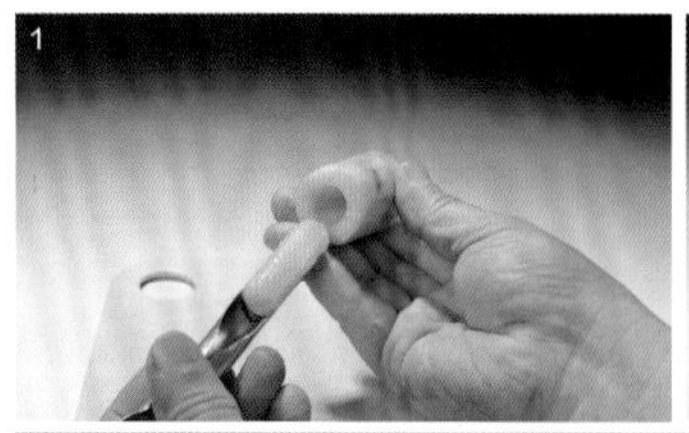

1. 黄瓜段削皮、戳出圆洞。
2. 圣女果顶部切十字刀口，插入一株迷迭香。
3. 小枫叶插入黄瓜中，搭配圣女果、小青柠、心里美萝卜丁、蓬莱松。
4. 均匀地撒一层糖粉。
5. 完成。

18. 火红的日子

1. 圣女果顶部戳洞。
2. 圣女果底部切平。
3. 将黄瓜花插入顶部。
4. 盘中画果酱线，摆上三个圣女果。

19. 竞渡山水间

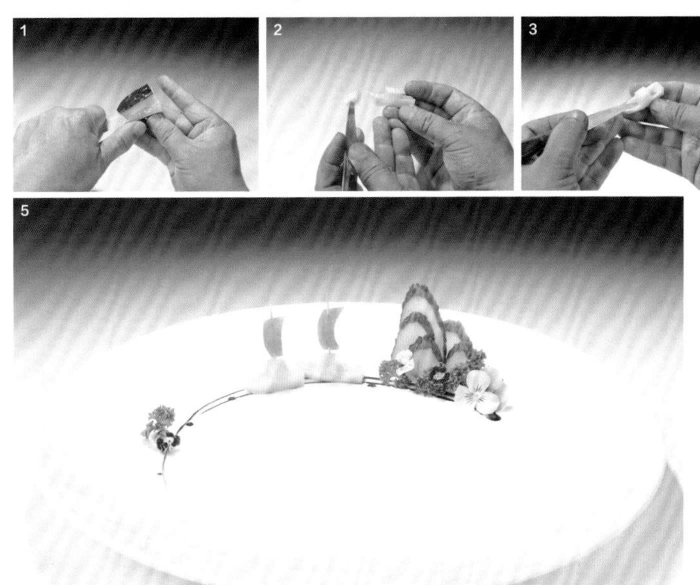

1. 黄瓜切段，修厚片。
2. 雕成小船形。
3. 雕出船篷、船舱。
4. 胡萝卜片做船帆。
5. 搭配黄瓜山、法香、三色堇。

20. 月影婆娑

1. 黄瓜削薄片，卷成螺旋卷。
2. 用牙签将根部固定。
3. 将圆纸板放盘边，撒可可粉。
4. 取下圆纸板。
5. 将黄瓜卷摆盘中，搭配迷迭香、红樱桃、三色堇、水萝卜片。

21. 爱情火辣辣

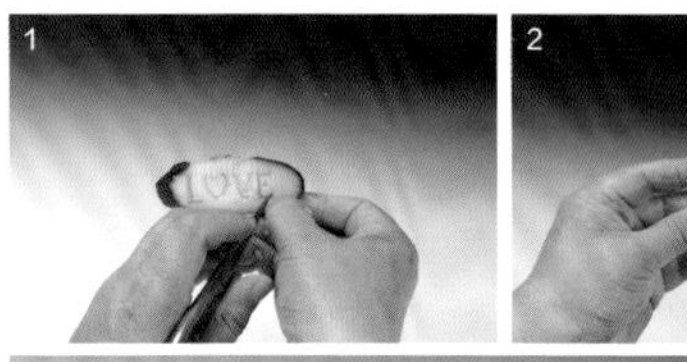

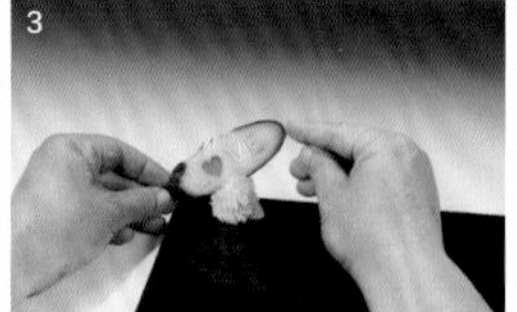
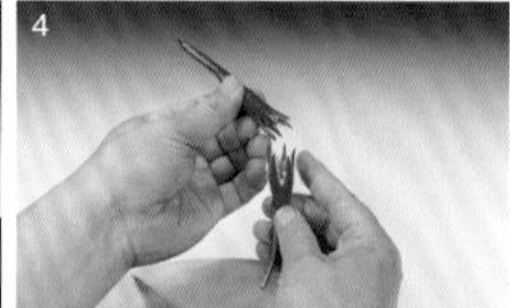

1. 黄瓜切片，然后雕出LOVE字。
2. 用胡萝卜雕一小红心塞入黄瓜片中。
3. 将黄瓜片立在土豆粉上。
4. 将红辣椒雕出花瓣，上下分离。
5. 剔去辣椒籽，放水中泡一会，使花瓣向外翻起。
6. 将辣椒花、情人草、法香等与黄瓜片组合在一起即可。

22. 玉树琼枝

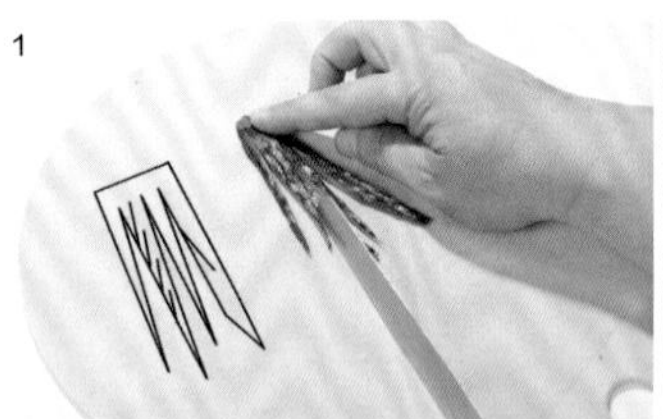

1. 黄瓜皮切花刀。
2. 翻卷后用牙签固定。
3. 插入土豆粉中。
4. 搭配水萝卜花、胡萝卜花、黄瓜卷、蓬莱松。

23. 绿蝴蝶

1. 在半片黄瓜上切七连刀片。
2. 将第二、四、六片卷起。
3. 将两个连刀片拼成一只蝴蝶，加胡萝卜身体和黄瓜片须子。
4. 点缀些黄瓜花、三色堇。
5. 也可以画一条果酱线，点缀红樱桃、情人草。

24. 南山松

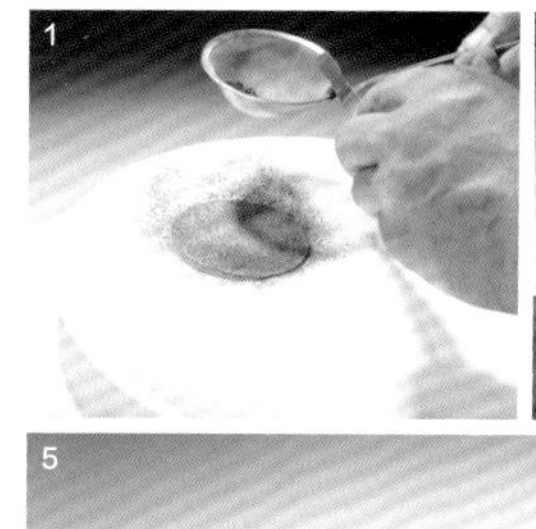

1. 圆纸板放盘中，撒一层可可粉。
2. 取下圆纸板。
3. 摆上圣女果、蓬莱松、水萝卜、秋葵片、三色堇。
4. 将秋葵顺切开。
5. 将秋葵立在盘中。

25. 蘑菇卷

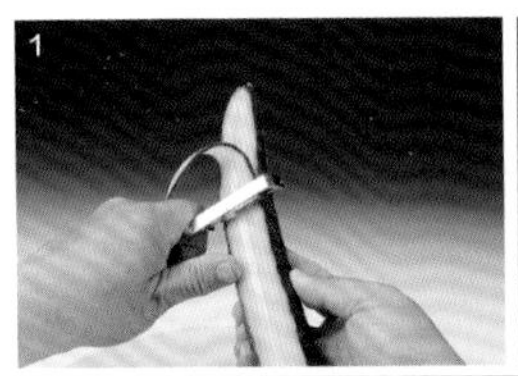
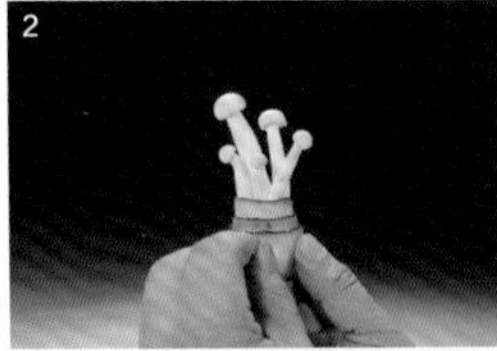
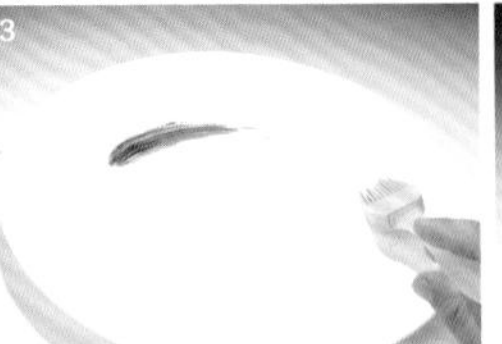
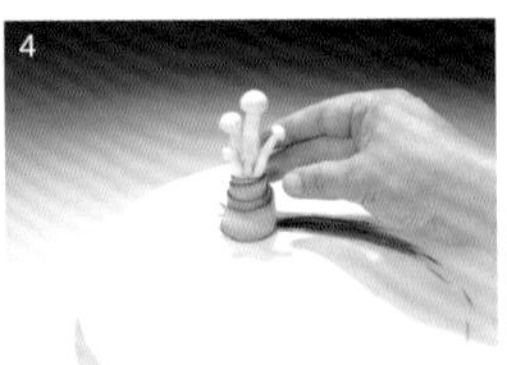
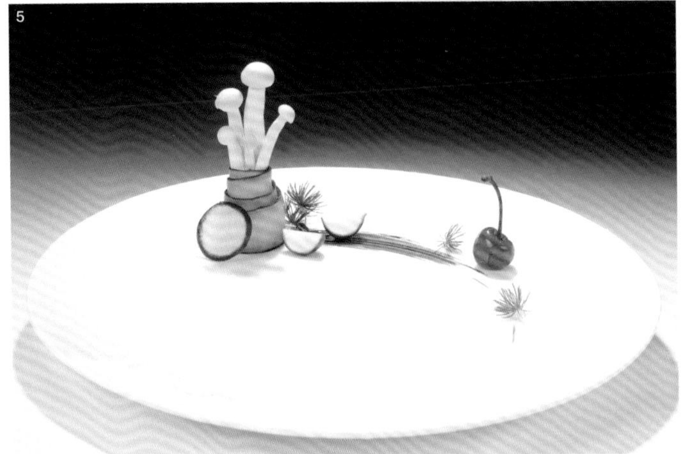

1. 黄瓜削薄片。
2. 用黄瓜片将蘑菇卷起，用牙签固定。
3. 用软刷抹一段果酱线。
4. 将黄瓜卷摆果酱线上。
5. 搭配水萝卜、红樱桃、蓬莱松。

26. 青瓜墩

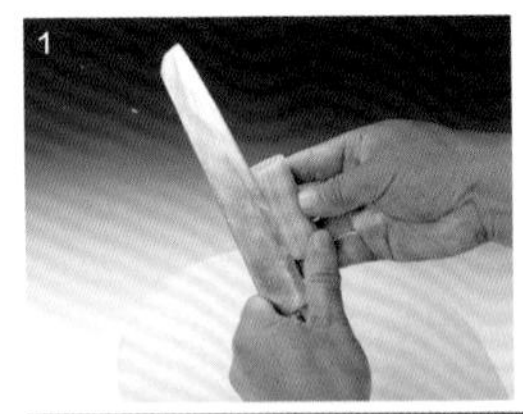

1. 黄瓜削皮。
2. 将黄瓜切厚片。
3. 盘中画果酱线。
4. 将黄瓜片立盘中，插上迷迭香。
5. 搭配大樱桃、小青柠、薄荷叶、心里美萝卜丁。

27. 禅境

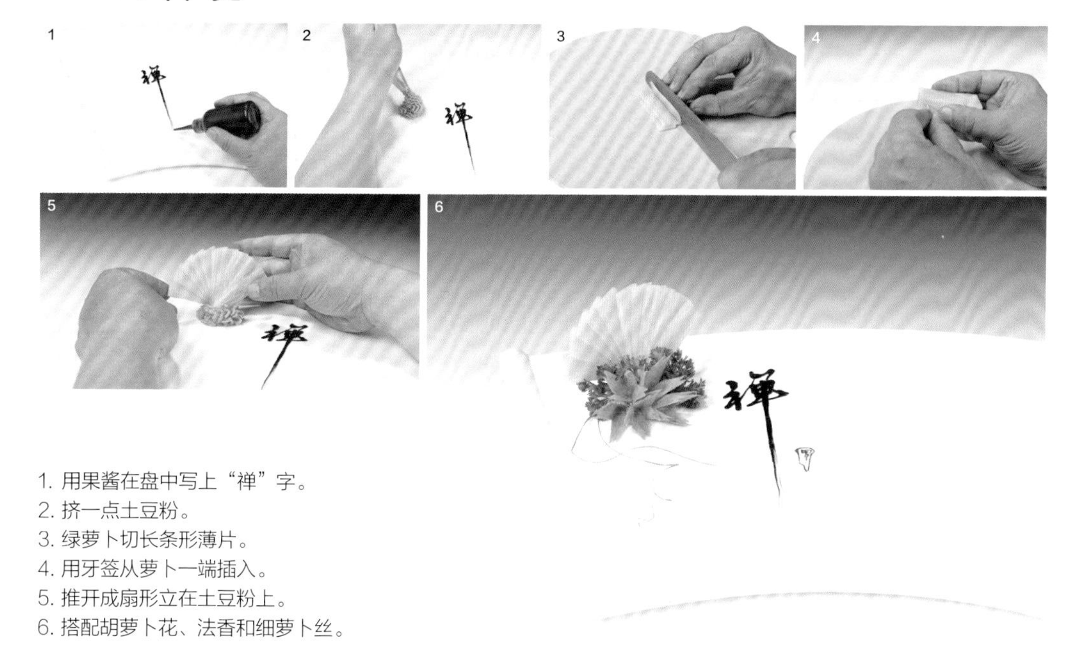

1. 用果酱在盘中写上“禅”字。
2. 挤一点土豆粉。
3. 绿萝卜切长条形薄片。
4. 用牙签从萝卜一端插入。
5. 推开成扇形立在土豆粉上。
6. 搭配胡萝卜花、法香和细萝卜丝。

28. 生命之树

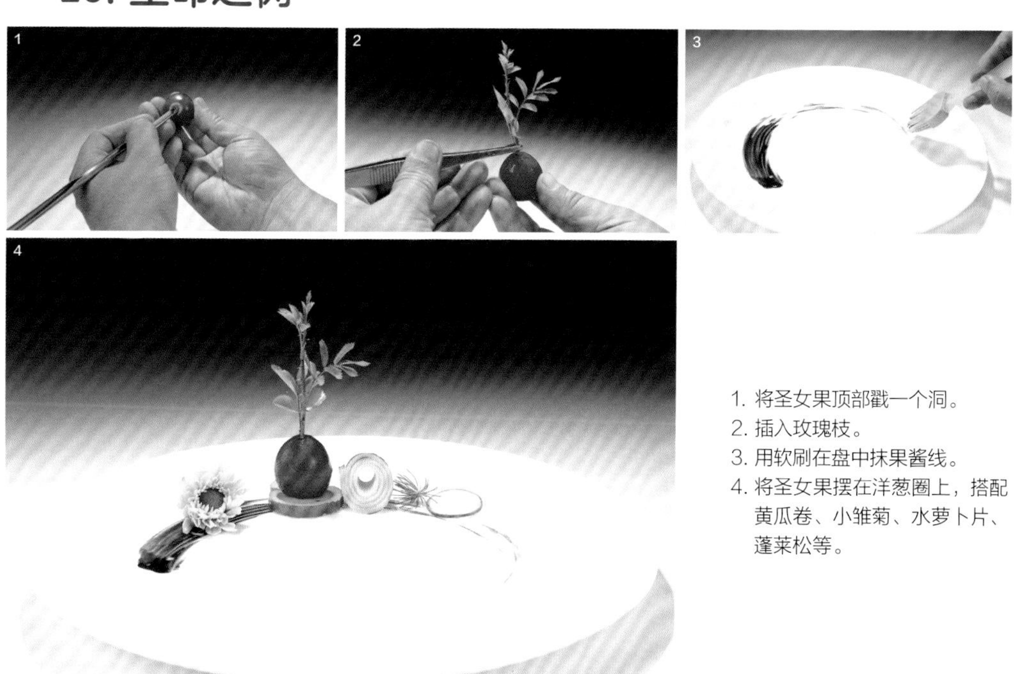

1. 将圣女果顶部戳一个洞。
2. 插入玫瑰枝。
3. 用软刷在盘中抹果酱线。
4. 将圣女果摆在洋葱圈上，搭配黄瓜卷、小雏菊、水萝卜片、蓬莱松等。

29. 清凉的心

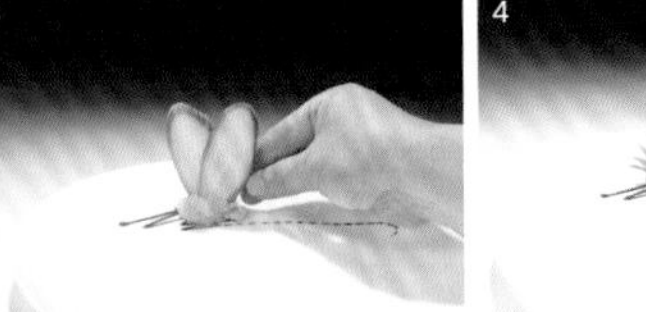

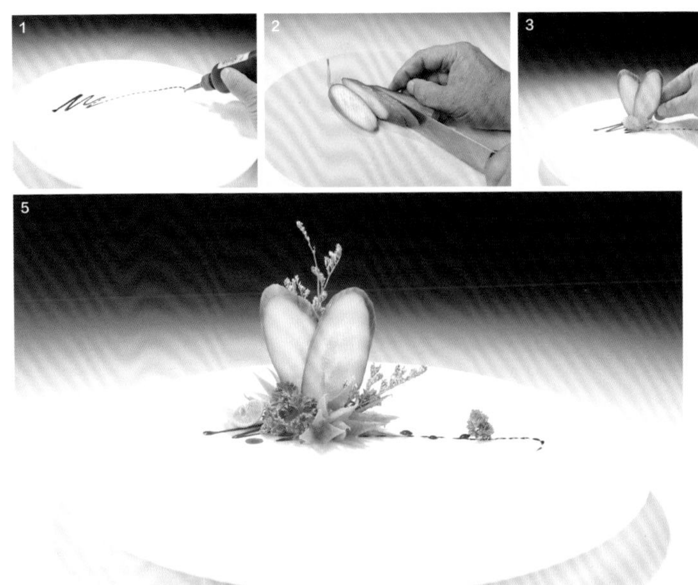

1. 盘中画果酱线。
2. 黄瓜斜切厚片。
3. 在果酱线上挤一点土豆粉，将两个黄瓜片呈心形立在土豆粉中。
4. 搭配胡萝卜花和法香。
5. 点缀小金橘、情人草。

30. 兰花草

1. 秋葵侧面雕出花瓣。
2. 将秋葵上下分离。
3. 剔去籽，将花瓣向外撬开（或放水中泡一会）。
4. 将秋葵花立在盘中的土豆粉上。
5. 搭配法香、胡萝卜花、红樱桃。

31. 秋实

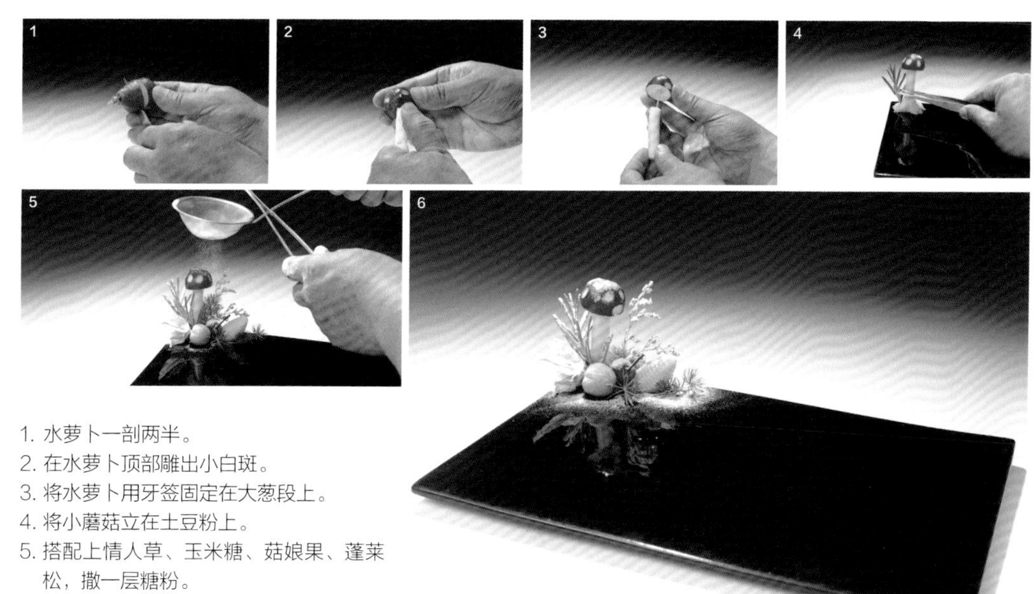

1. 水萝卜一剖两半。
2. 在水萝卜顶部雕出小白斑。
3. 将水萝卜用牙签固定在大葱段上。
4. 将小蘑菇立在土豆粉上。
5. 搭配上情人草、玉米糖、菇娘果、蓬莱松，撒一层糖粉。
6. 完成。

32. 生机

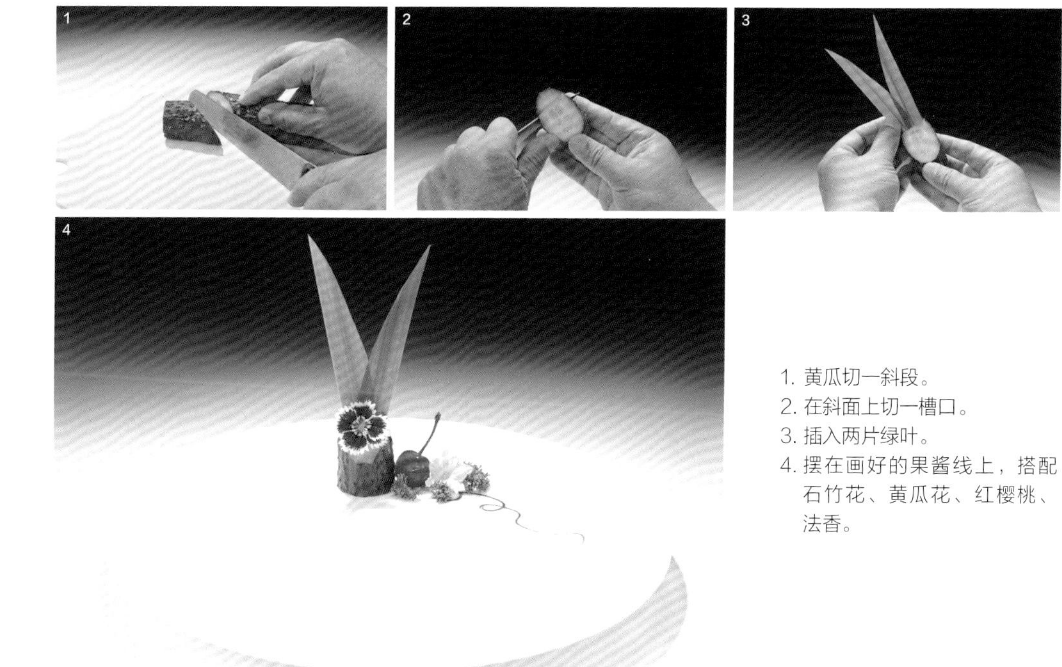

1. 黄瓜切一斜段。
2. 在斜面上切一槽口。
3. 插入两片绿叶。
4. 摆在画好的果酱线上，搭配石竹花、黄瓜花、红樱桃、法香。

33. 流云

1. 黄瓜头切三角形片。
2. 插入牙签，将黄瓜片推开成扇形。
3. 将扇形固定在黄瓜墩上，移入小碗。
4. 搭配红辣椒、红樱桃、法香、情人草。
5. 加入干冰后倒入点热水，雾化。

34. 寿比南山

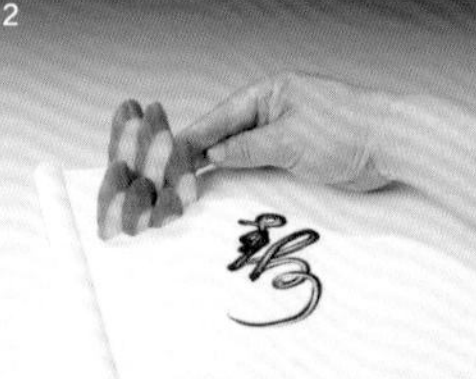
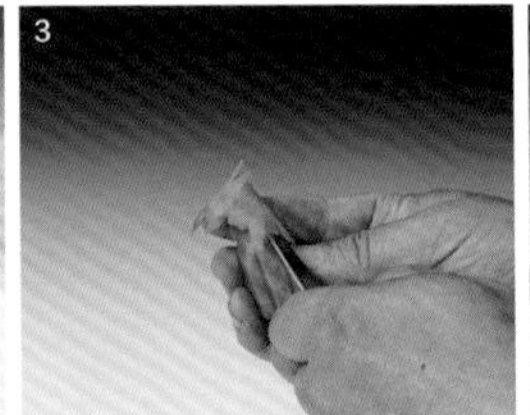
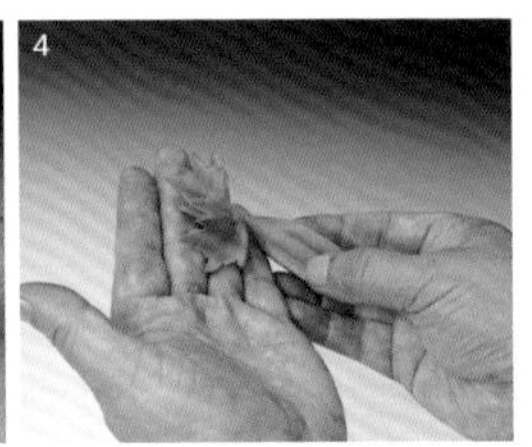

1. 用果酱在盘中写出“寿”字。
2. 黄瓜切厚片呈“山”形立在盘边。
3. 胡萝卜切四方形柱，旋出喇叭花。
4. 取下喇叭花。
5. 将胡萝卜花、红樱桃、小青柠、蓬莱松组装在黄瓜山周围。

35. 双色环

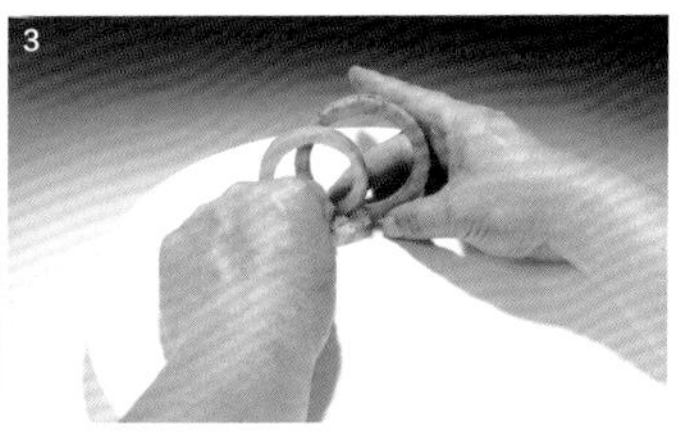

1. 绿萝卜切厚片。
2. 雕出或用模具压出圆环。
3. 另雕一个心里美萝卜圆环，立在土豆粉上。
4. 插一点米兰叶，搭配些胡萝卜花、蓬莱松、红樱桃、果酱。

36. 蒜香蘑菇圈

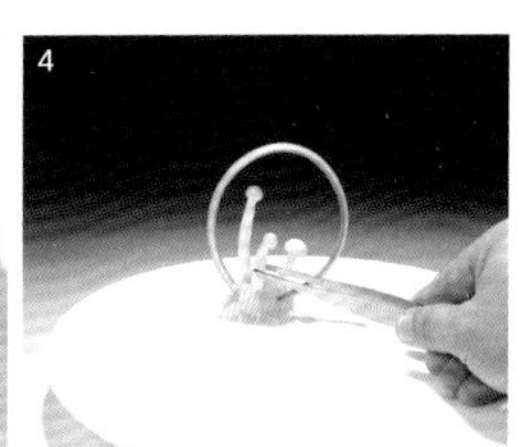

1. 水萝卜侧面切锯齿状。
2. 将水萝卜分离。
3. 蒜薹剖开后用清水泡硬。
4. 将蒜薹圈立在土豆粉上，插入蘑菇。
5. 搭配胡萝卜花、水萝卜、法香、迷迭香、果酱。

37. 秀色可餐

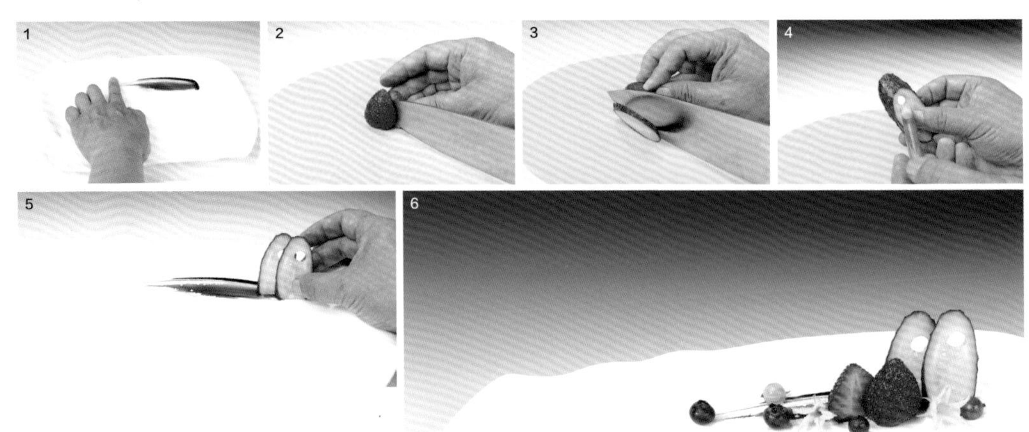

1. 用手指抹一段果酱线。
2. 草莓切开。
3. 黄瓜斜切厚片。
4. 在黄瓜上面戳一个圆孔。
5. 将黄瓜片立在果酱线上。
6. 摆上草莓，搭配上黄瓜花、蓝莓、灯笼果。

38. 亭亭玉立

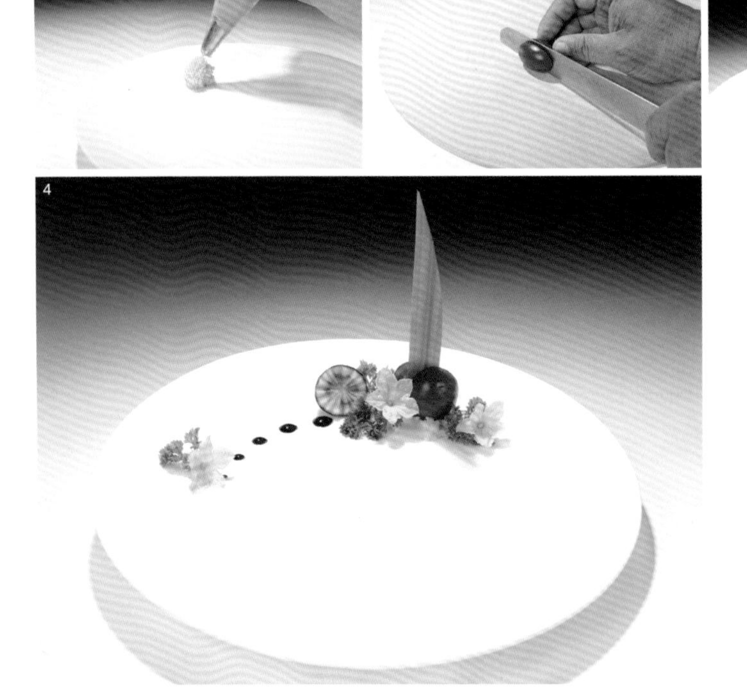

1. 盘中挤一点土豆粉。
2. 圣女果一切两半。
3. 将圣女果立在土豆粉上。
4. 圣女果中插入一棵绿萝卜片，搭配法香、黄瓜花、水萝卜片、果酱。

39. 双莲记

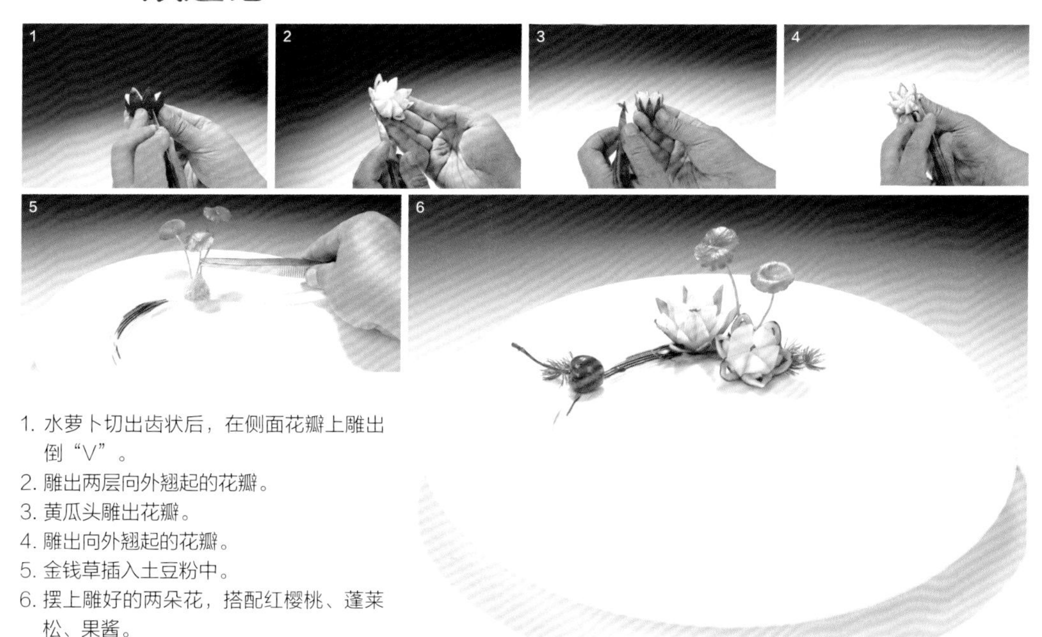

1. 水萝卜切出齿状后，在侧面花瓣上雕出倒“V”。
2. 雕出两层向外翘起的花瓣。
3. 黄瓜头雕出花瓣。
4. 雕出向外翘起的花瓣。
5. 金钱草插入土豆粉中。
6. 摆上雕好的两朵花，搭配红樱桃、蓬莱松、果酱。

40. 味道鲜

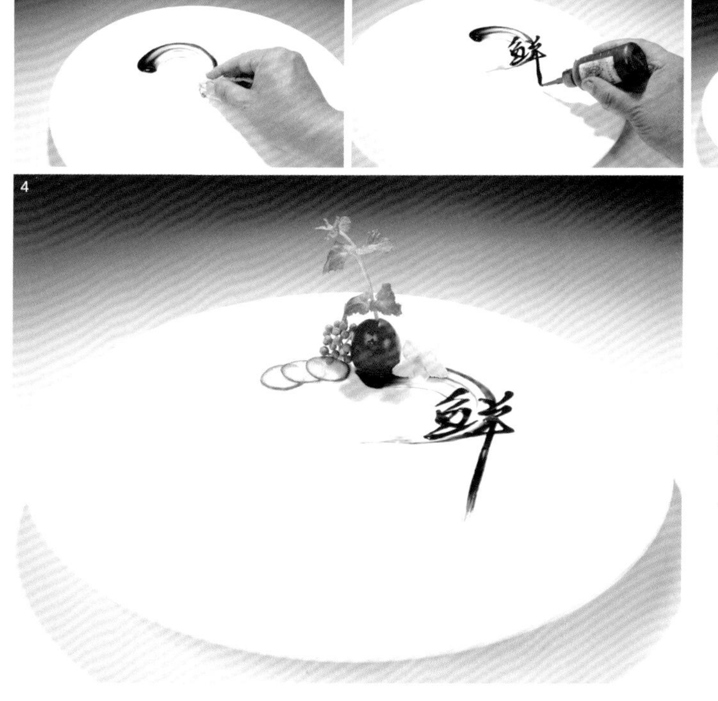

1. 在盘中挤一大滴果酱，用面巾纸抹出曲线。
2. 用果酱笔写出“鲜”字。
3. 圣女果顶部戳一小洞，插入一株薄荷。
4. 搭配黄瓜片、黄瓜花、青花椒。

41. 事事如意

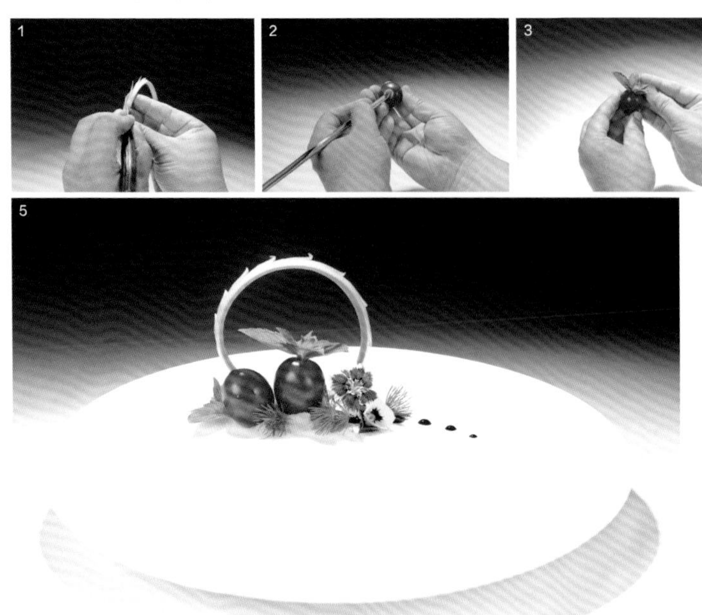

1. 蒜薹剖开，切花刀，用水泡一会。
2. 圣女果顶部戳一个洞。
3. 插入薄荷叶。
4. 蒜薹圈立土豆粉上。
5. 摆上圣女果，搭配三色堇、蓬莱松、石竹花、果酱。

42. 秋色

1. 黄瓜切五连刀片。
2. 将第二片、第四片卷起。
3. 汁盅里挤少许土豆粉。
4. 放入佛手花、小枫叶。
5. 加红樱桃、蓬莱松，画果酱线。

43. 兰花花

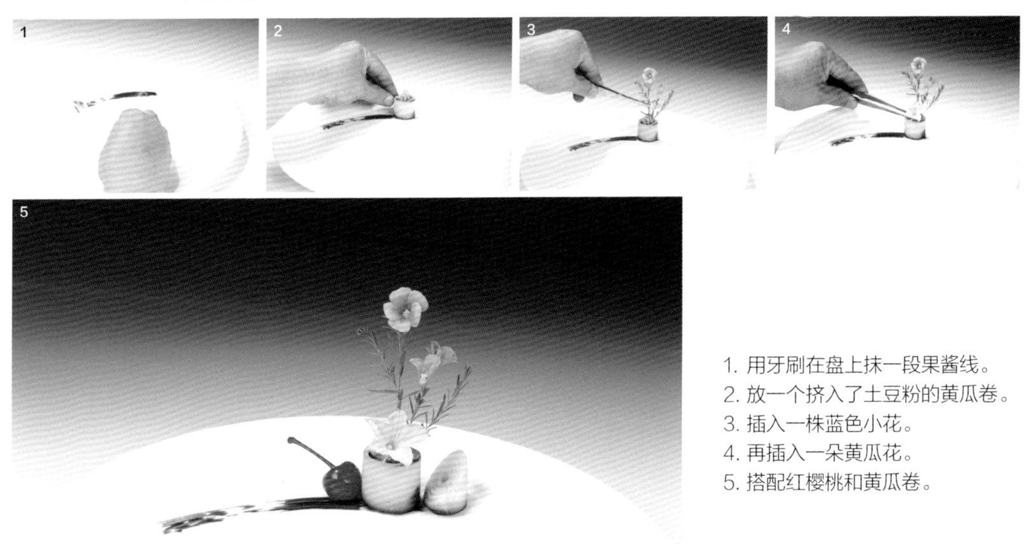

1. 用牙刷在盘上抹一段果酱线。
2. 放一个挤入了土豆粉的黄瓜卷。
3. 插入一株蓝色小花。
4. 再插入一朵黄瓜花。
5. 搭配红樱桃和黄瓜卷。

44. 苦瓜圈

1. 苦瓜切厚片，挖去瓜瓤。
2. 用软刷在盘上画一段果酱线。
3. 将苦瓜圈摞在果酱线上，向苦瓜圈内挤一点土豆粉。
4. 插入麦穗、情人草。
5. 搭配蓬莱松、雏菊、红樱桃。

45. 玉笛声声

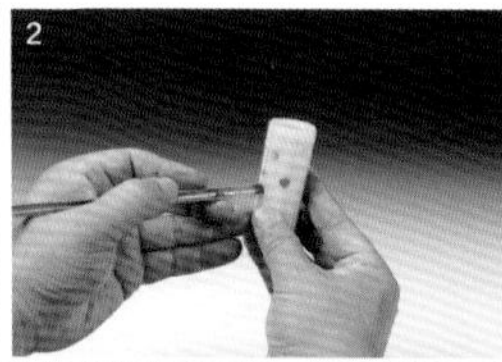

1. 盘上画果酱线。
2. 黄瓜段削皮，挖空瓜瓤，在侧面戳几个小孔。
3. 蒜薹剖成细条，放水中泡一会。
4. 黄瓜段摆果酱线上。
5. 在黄瓜中插入羊齿叶、胡萝卜花、蒜薹丝，盘上摆两个红樱桃。

46. 六六六

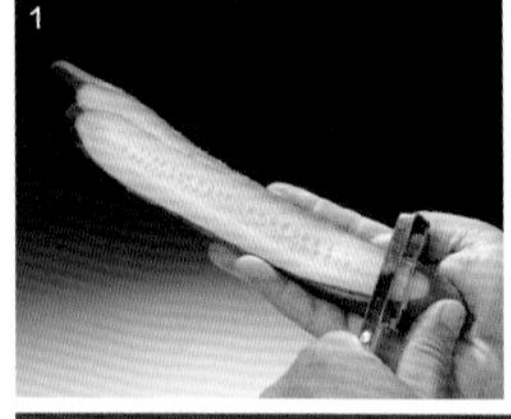
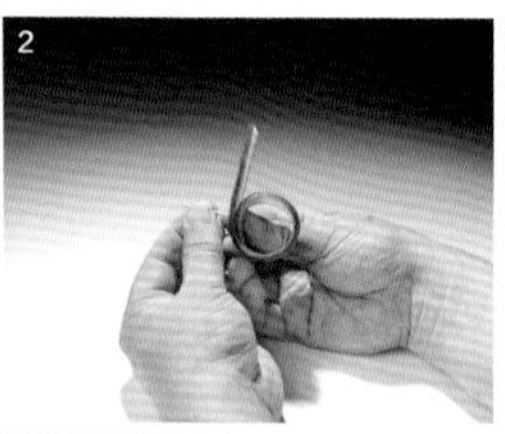
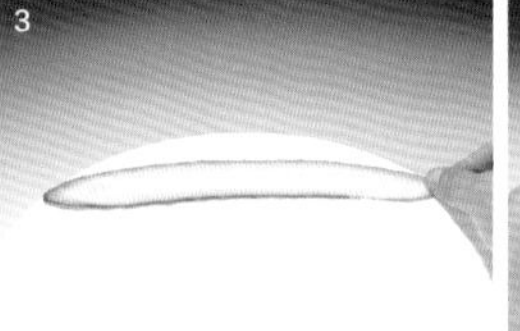
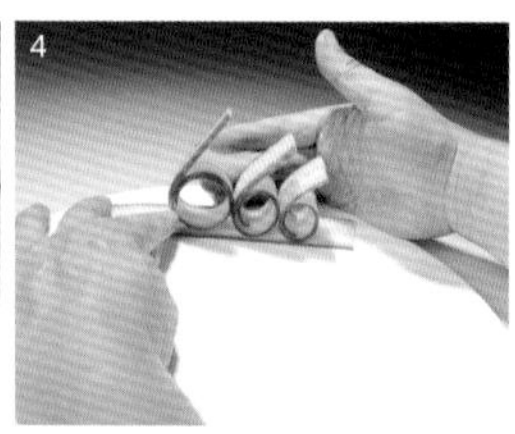

1. 黄瓜削薄片。
2. 将黄瓜片用清水泡一会，卷成6的形状，用牙签固定。
3. 取一个黄瓜片摆盘边。
4. 将三个6固定在黄瓜片上。
5. 点缀些胡萝卜花、熟透的苦瓜籽等。

47. 好运来

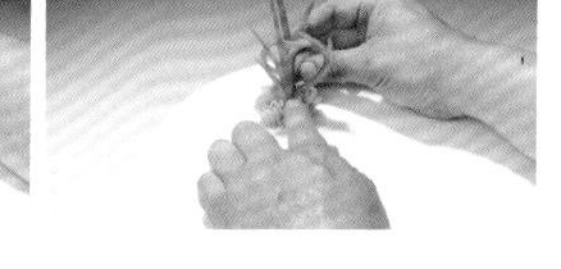

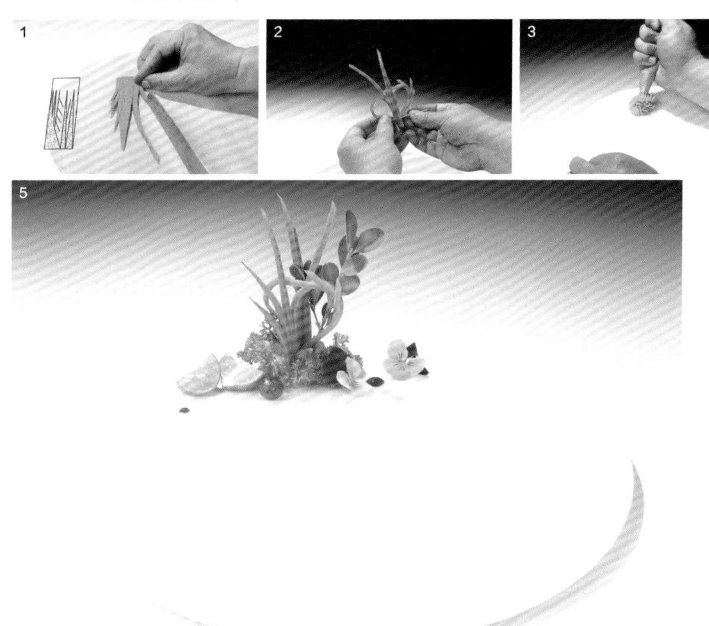

1. 将胡萝卜片切花刀。
2. 将胡萝卜片向两侧卷起，并用牙签固定。
3. 在盘中挤一点土豆粉。
4. 将胡萝卜卷固定在土豆粉上。
5. 插入一株米兰叶，加法香、三色堇、小青柠、蓝莓。

48. 玉树临风

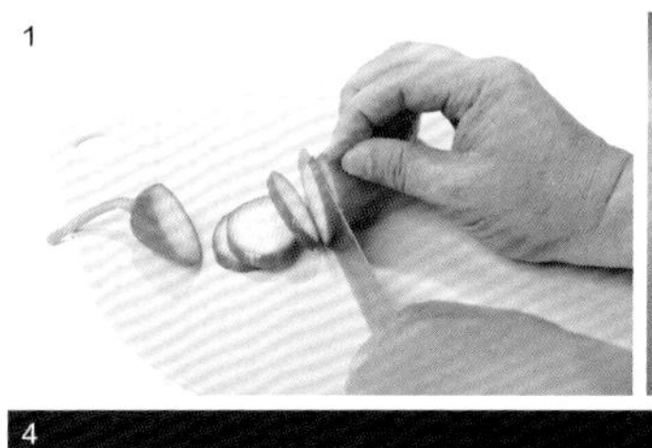

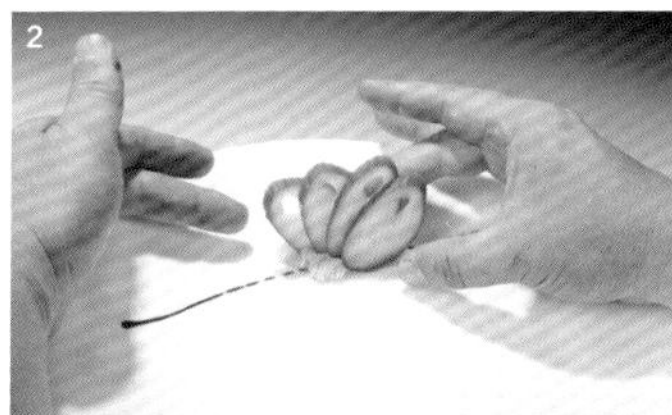

1. 荷兰黄瓜斜切厚片。
2. 在黄瓜片上戳一圆洞，立在土豆粉上。
3. 插入米兰叶，加红樱桃、法香。
4. 再加点小金橘、红果酱。

49. 盘中仙境

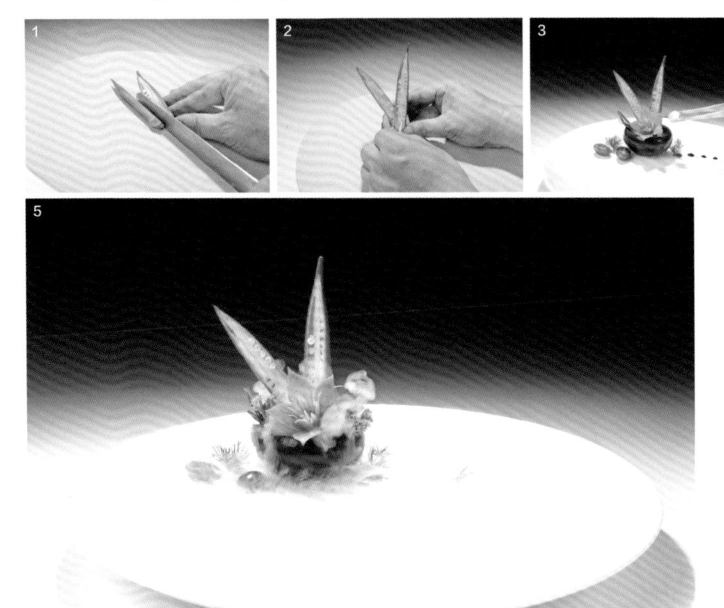

1. 秋葵一剖两半。
2. 用牙签将秋葵交叉立在黄瓜上。
3. 摆在茶盅中，加胡萝卜花、圣女果、蓬莱松，然后加入干冰。
4. 向干冰淋热水。
5. 干冰雾化，完成。

50. 竹报平安

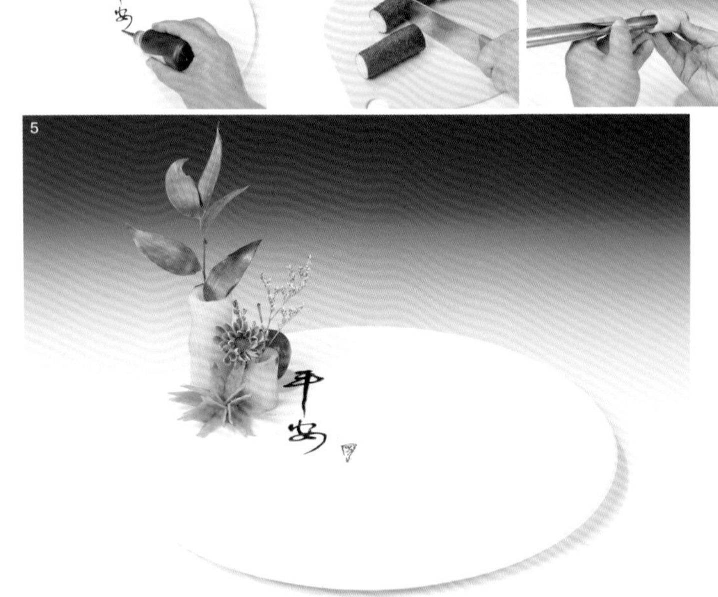

1. 用果酱在盘中写“平安”两字。
2. 将黄瓜切长短两个段。
3. 将黄瓜雕成竹筒形状。
4. 插入熊猫竹。
5. 搭配胡萝卜花、雏菊、情人草、海棠果。

51. 新竹

1. 用软刷在盘中抹一条果酱线。
2. 立一空心黄瓜段。
3. 插入情人草、蒜薹丝。
4. 在黄瓜上插一胡萝卜花，点缀法香、大樱桃。

52. 紫薇花

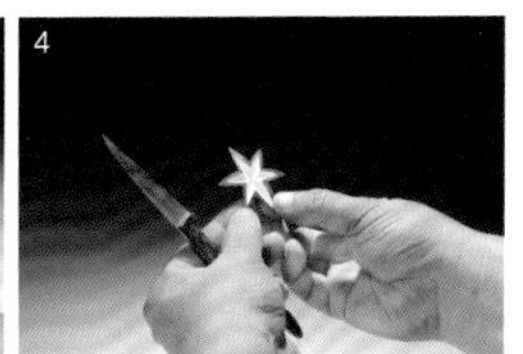

1. 紫薇花插入一黄瓜段中，摆在盘中的果酱线上。
2. 大红萝卜表皮雕出六角星形。
3. 沿六角星边缘雕出花瓣。
4. 取下六角星花。
5. 摆在黄瓜墩旁，搭配胡萝卜花、法香等。

53. 天鹅

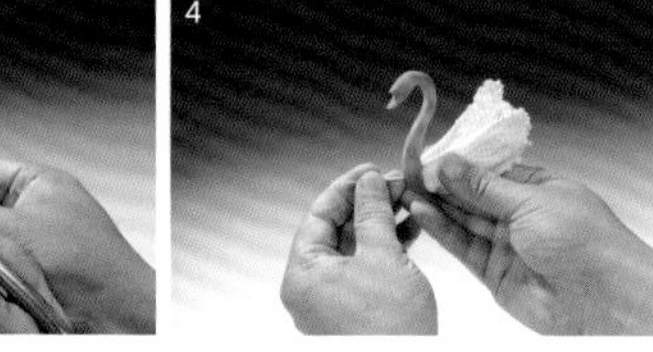

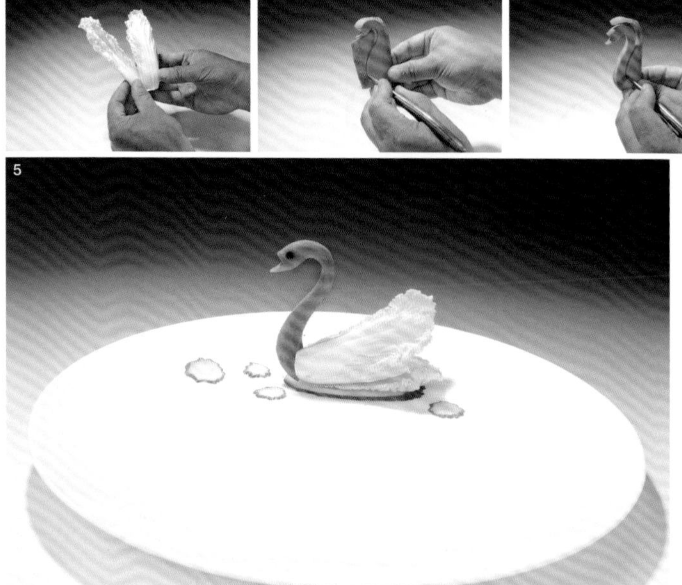

1. 取大白菜菜芯。
2. 胡萝卜厚片雕出天鹅脖子的前面曲线。
3. 再雕出天鹅脖子后部的曲线。
4. 用牙签将天鹅头插在白菜芯的根部。
5. 搭配黄瓜片。

54. 发财树

1. 芹菜茎切花刀，放清水中泡至卷曲。
2. 将芹菜茎立在黄瓜墩上。
3. 胡萝卜切片。
4. 雕出铜钱的形状。
5. 将铜钱形胡萝卜挂芹菜茎上，搭配红樱桃、苦苣芯。

55. 花色

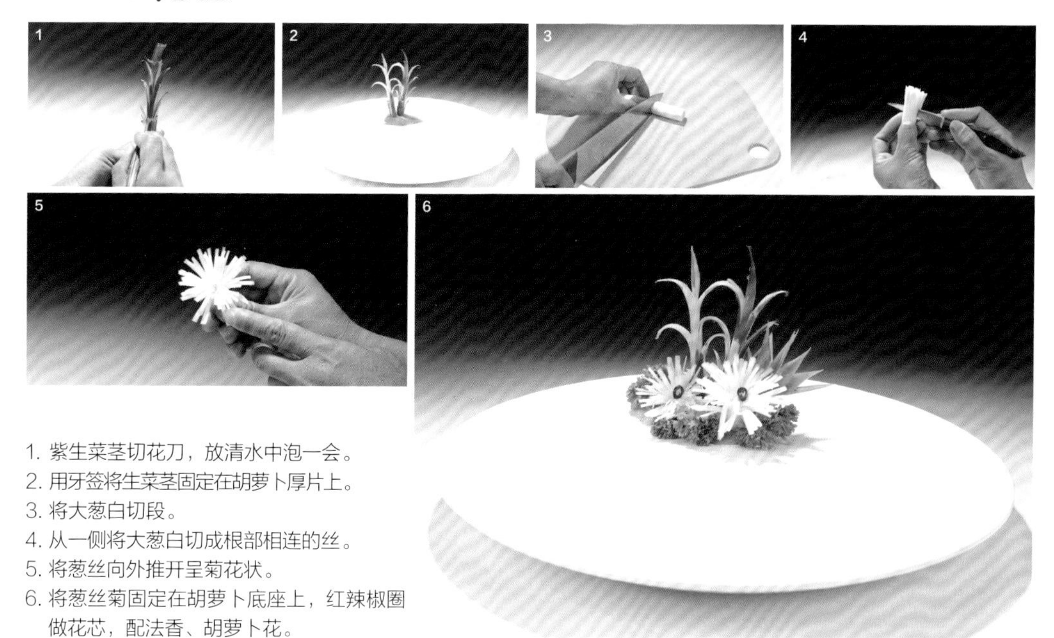

1. 紫生菜茎切花刀，放清水中泡一会。
2. 用牙签将生菜茎固定在胡萝卜厚片上。
3. 将大葱白切段。
4. 从一侧将大葱白切成根部相连的丝。
5. 将葱丝向外推开呈菊花状。
6. 将葱丝菊固定在胡萝卜底座上，红辣椒圈做花芯，配法香、胡萝卜花。

56. 玉环

1. 黄瓜削薄片，切去边。
2. 将黄瓜片用清水泡一会。
3. 将黄瓜片弯成圆环，用牙签固定在黄瓜墩上。
4. 搭配红樱桃、胡萝卜花、小青柠、米兰叶、心里美萝卜丁。

57. 童年的故事

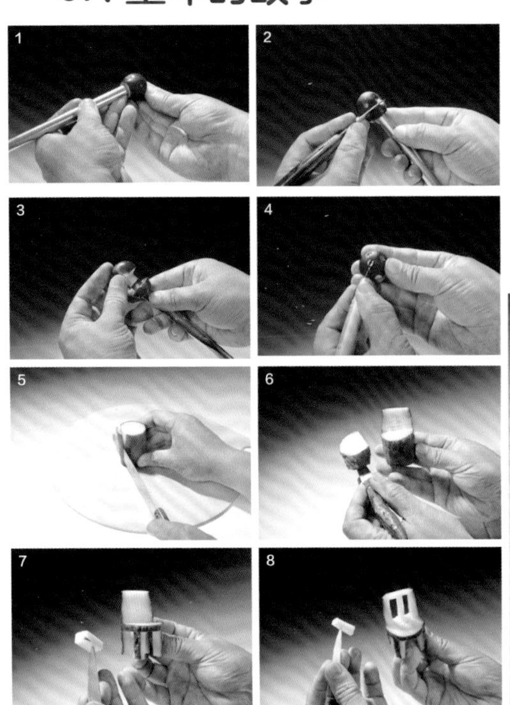

1. 用U形刀从水萝卜底部插入一半深。
2. 用手刀将水萝卜的下半部分切断。
3. 取下下半部分。
4. 用小圆掏刀在水萝卜上掏出小圆孔。
5. 黄瓜段切一边皮。
6. 雕出椅子背。
7. 雕出椅子腿。
8. 雕出椅子背上的孔。
9. 将小椅子、小蘑菇摆在盘边。

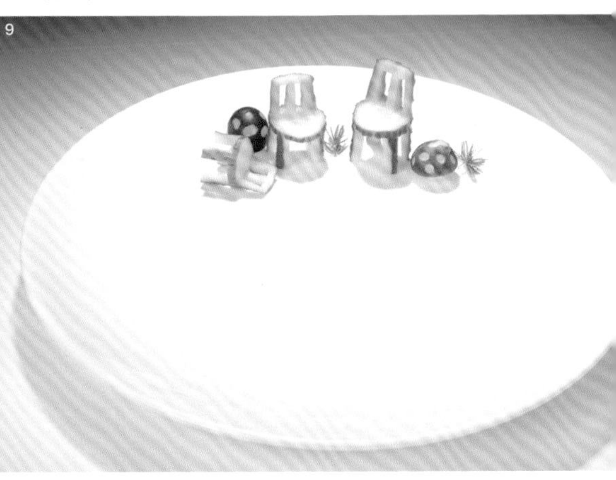

58. 迷迭香

1. 将果酱用软刷画出一段弧线。
2. 圣女果顶部戳个小洞，插入迷迭香。
3. 将圣女果摆果酱线上，搭配黄瓜卷、蓬莱松、三色堇、石竹花。

59. 攀登

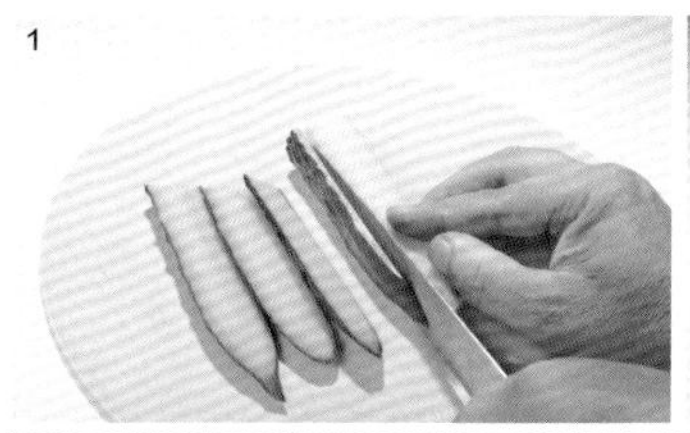

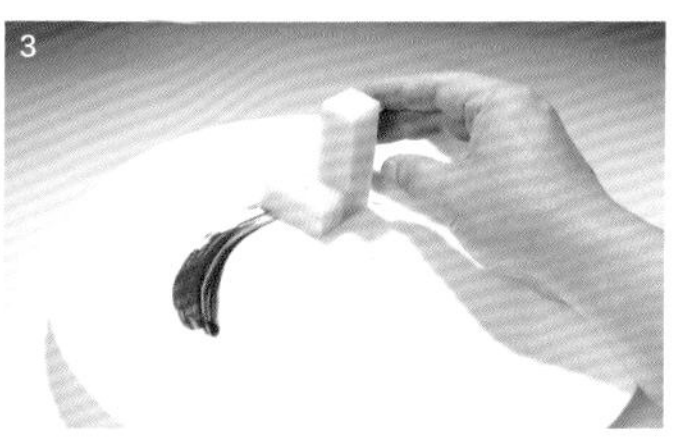

1. 黄瓜切四方形柱。
2. 将两种颜色的果酱挤盘中，用软刷画出果酱线。
3. 将黄瓜柱摆果酱线上。
4. 插一株迷迭香，搭配红樱桃、水萝卜片、蓬莱松、三色堇。

60. 节节高

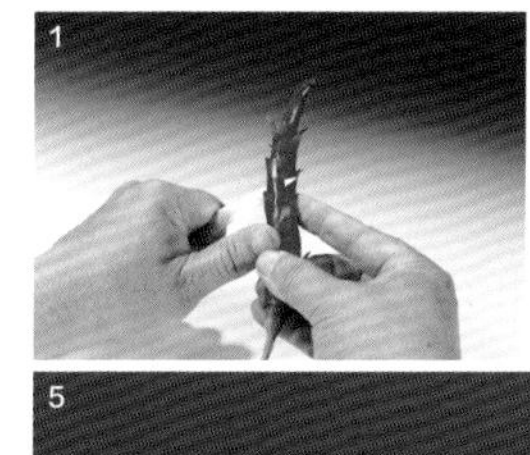

1. 红辣椒侧面切花刀。
2. 将红辣椒泡水中，使花刀向外翻翘。
3. 在盘中挤一点土豆粉。
4. 将红辣椒插入土豆粉中。
5. 搭配法香、黄瓜花、情人草。

61. 金蛋藏珠

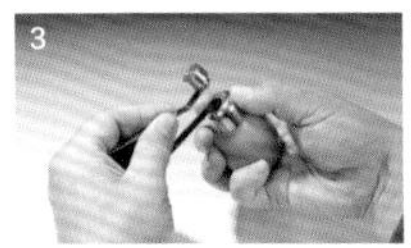

1. 将250克西瓜汁加2.5克海藻胶搅匀后滴入钙水中，制成鱼子。
2. 两三分钟后将西瓜汁鱼子捞出，用清水冲一下。
3. 用开壳器将鸡蛋打开。
4. 取下蛋壳。
5. 将鸡蛋液倒出，洗净蛋壳。
6. 在盘子角画一段果酱线，挤一点土豆粉。
7. 将西瓜汁鱼子酱放入蛋壳中，立在土豆粉上。
8. 将生菜叶、苦苣芯插在土豆粉上，撒一点鱼子在果酱线上。

62. 苦尽甘来

1. 在盘中画果酱线。
2. 黄色的苦瓜切斜段，挖出瓜瓤。
3. 将苦瓜段立在果酱线上，插入一株平枝栒子。
4. 搭配红苦瓜籽、薄荷叶等。

63. 待嫁

原料：圣女果、水萝卜叶、小青柠、三色堇、酸模叶、青豆、果酱。

64. 春归

原料：黄瓜卷、红樱桃、三色堇、情人草、皱叶薄荷草、果酱。

65. 峰峦叠翠

原料：圣女果、绿草、法香、三色堇、黄瓜花、石竹花、果酱。

66. 黄花

原料：黄瓜、水萝卜、土豆粉、红樱桃。

67. 卷得开心

原料：黄瓜、小青柠、红樱桃、雏菊、蓬莱松、情人草、果酱。

68. 雏菊

原料：雏菊、黄瓜、蒜薹、法香、米兰叶、小青柠、樱桃、蓝莓。

69. 红粉相随

原料：黄瓜、水萝卜、迷迭香、蓬莱松、黄瓜花、石竹花、果酱。

70. 家乡的茄子花

原料：茄子、法香、红樱桃、小青柠、水萝卜、三色堇。

71. 香辣妹子

原料：辣椒丝、法香、红樱桃、小青柠、水萝卜、金钱草。

72. 酷酷手语

原料：胡萝卜、苦苣叶、黄瓜、水萝卜、洋葱、法香、果酱。

73.香辣爽

原料：辣椒丝、苦苣叶、胡萝卜、迷迭香、水萝卜。

74. 雨后春笋

原料：黄瓜、胡萝卜、迷迭香、红樱桃。

75. 萝卜头

原料：水萝卜、小青柠、法香、辣椒、果酱。

76. 金环

原料：苦瓜、红樱桃、薄荷叶、平枝栒子、小枫叶、果酱。

77. 天作之合

原料：水萝卜、小青柠、三色堇、迷迭香、果酱。

78. 挺拔

原料：黄瓜、圣女果、生菜叶、迷迭香、水萝卜、三色堇、果酱。

79. 孕育

原料：空蛋壳、果汁鱼子酱、金橘、苦苣叶、迷迭香、青豆、果酱。

80. 心语

原料：果汁鱼子酱、生菜叶、迷迭香、红樱桃、金橘、果酱。

第四部分 水果雕切做盘饰

1. 蜜瓜蝴蝶

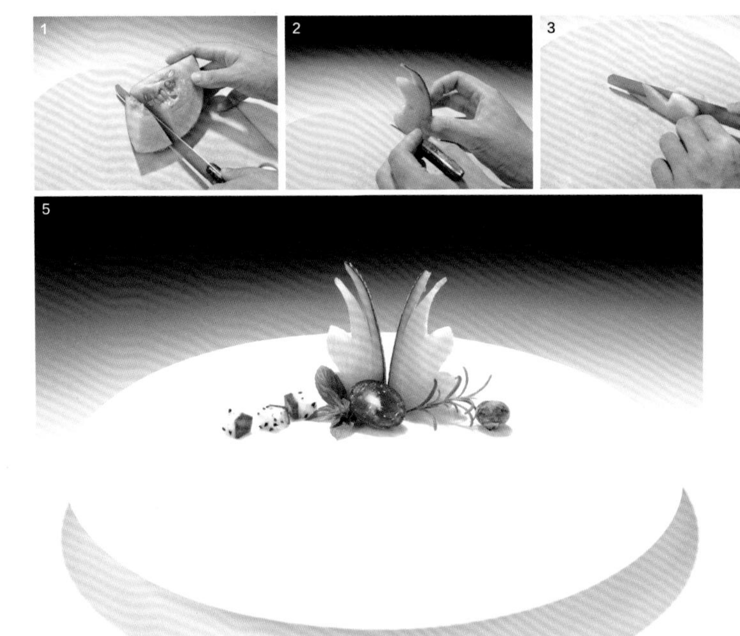

1. 哈密瓜切下一角。
2. 将瓜瓤部分切下一点。
3. 将瓜一剖两半。
4. 背靠背摆在盘边。
5. 搭配圣女果、火龙果丁、薄荷叶、迷迭香、蓝莓等。

2. 倩影

1. 哈密瓜切下一角，去籽，片下瓜皮（勿断）。
2. 在瓜皮上切花刀。
3. 将瓜皮卷起。
4. 夹入一颗红樱桃，摆盘边。
5. 搭配圣女果、小青柠、蓝莓、火龙果丁、三色堇、迷迭香等。

3. 片片春愁

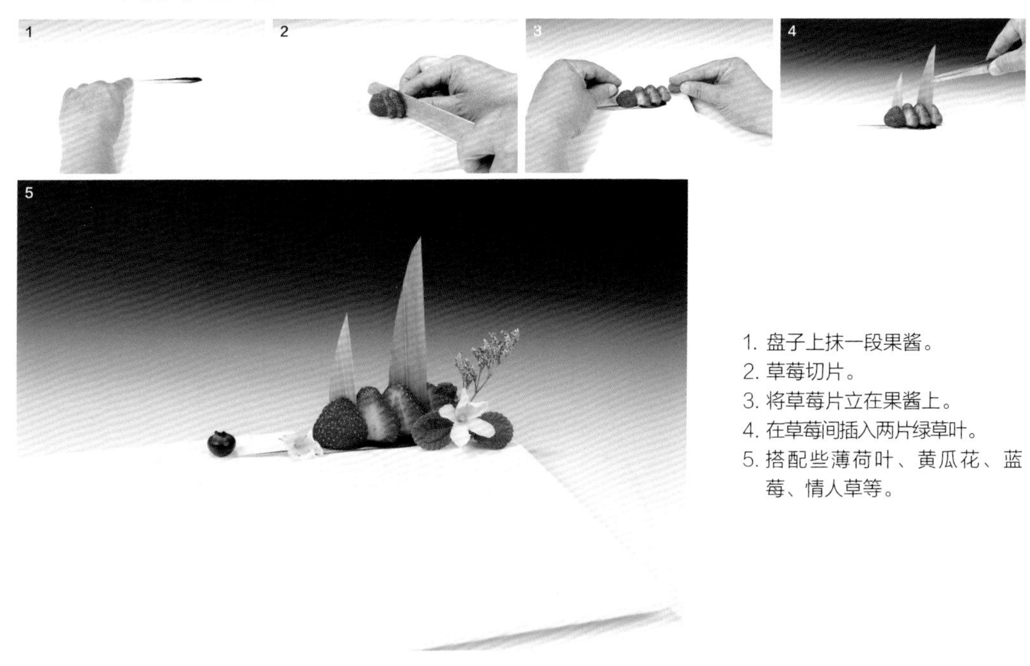

1. 盘子上抹一段果酱。
2. 草莓切片。
3. 将草莓片立在果酱上。
4. 在草莓间插入两片绿草叶。
5. 搭配些薄荷叶、黄瓜花、蓝莓、情人草等。

4. 交错

1. 哈密瓜切长方形块。
2. 一横一竖摆在盘中。
3. 插入一株迷迭香，摆一颗红樱桃。
4. 搭配圣女果、小青柠、三色堇、蓝莓、酸模叶。

5. 好运圈

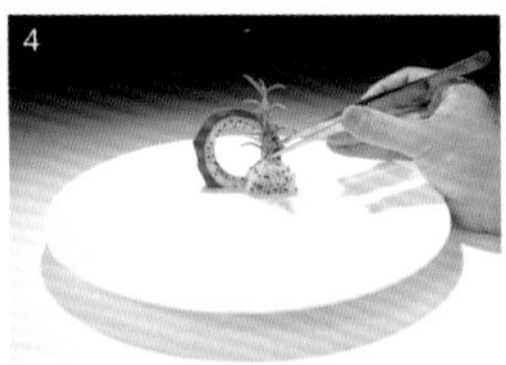

1. 火龙果切厚片。
2. 挖空中间的原料。
3. 将火龙果片底下切一刀，然后立在盘边。
4. 插入一株迷迭香。
5. 搭配小青柠、酸模叶、蓝莓、三色堇等。

6. 金莲

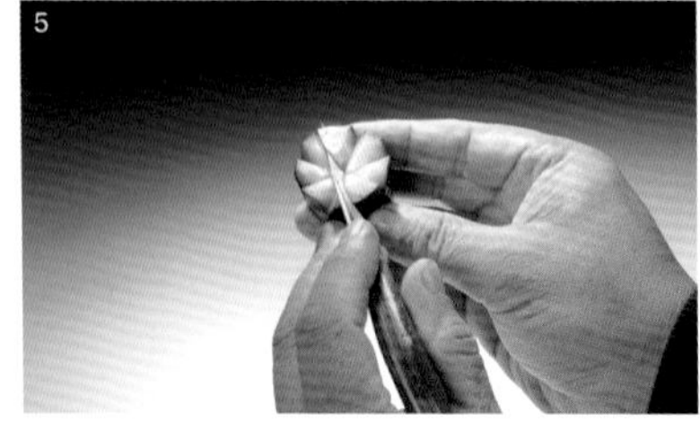

1. 橙子横切开。
2. 雕出花瓣。
3. 将橙子皮切开，向外张开。
4. 摆盘边，加一颗红樱桃。
5. 黄瓜头雕出花形。
6. 搭配黄瓜花、圣女果花、蓝莓。

7. 橘瓣花

1. 将橘子瓣横剖开。
2. 将片开的橘子瓣拼成花的形状。
3. 加一颗红樱桃做花芯，加两片黄瓜片叶。
4. 果酱点缀。

8. 登高

1. 哈密瓜切条。
2. 切成不同高度，摆在盘边。
3. 插入一株迷迭香，摆一颗红樱桃。
4. 搭配小青柠、蓝莓、酸模叶。

9. 金色年轮

1

2
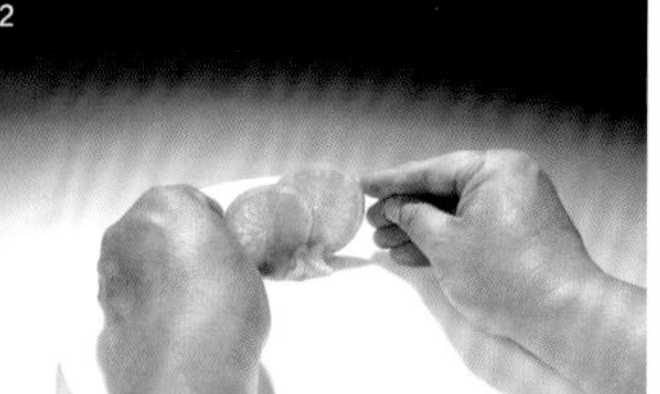
3

4

1. 橙子切片。
2. 将两片橙子片立在土豆粉上。
3. 插入两片绿叶，用软刷画一段果酱线。
4. 搭配法香、水萝卜片、红樱桃、酸模叶、三色堇等。

10. 三色鲜

1
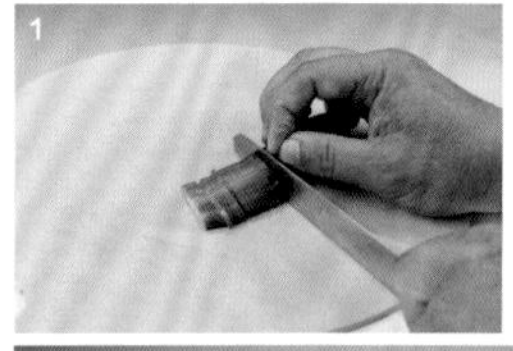
2

3

4
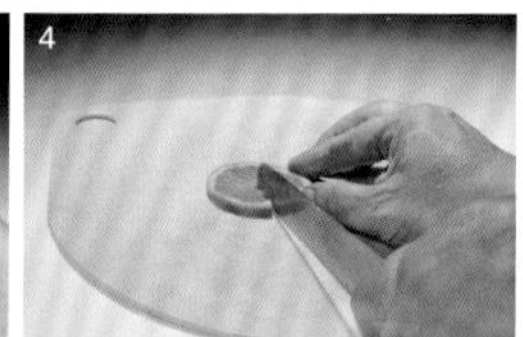
5

6

1. 黄瓜切片。
2. 在一侧插入牙签。
3. 将黄瓜推开成扇形。
4. 橙子切片，然后沿半径方向切一刀。
5. 切口向两侧翻卷使橙子片立起。
6. 将黄瓜扇和红樱桃立在橙子片两侧，点缀蓬莱松，画几点果酱。

11. 果篮

1. 橘子雕出篮子的形状，挖净果肉。
2. 篮子边沿雕出齿状。
3. 黄瓜片拼成荷叶形状。
4. 将篮子摆荷叶上面，梁上加黄瓜扇形片。
5. 将橘肉丁、蓝莓、红樱桃、苦苣叶等放入篮中。

12. 芒果扇

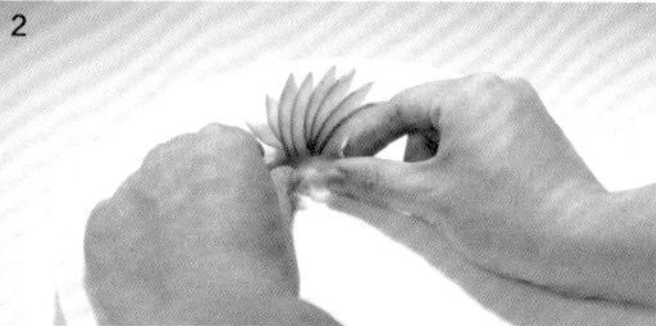

1. 芒果切片。
2. 推成扇形后立在土豆粉上。
3. 搭配法香、红樱桃、蓝莓、水果丁、三色堇。

13. 熊宝宝

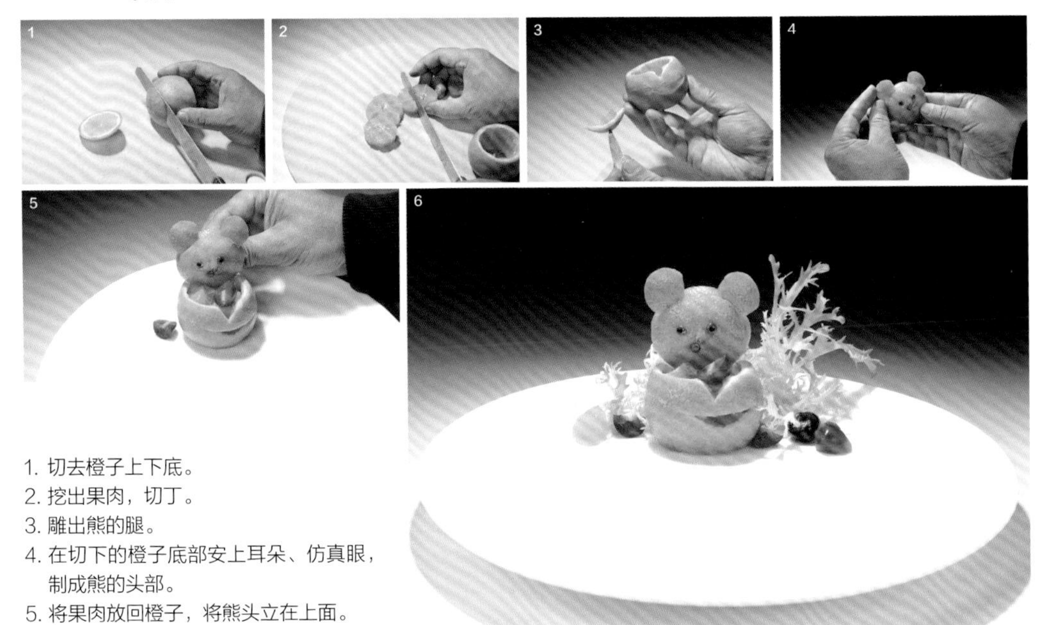

1. 切去橙子上下底。
2. 挖出果肉，切丁。
3. 雕出熊的腿。
4. 在切下的橙子底部安上耳朵、仿真眼，制成熊的头部。
5. 将果肉放回橙子，将熊头立在上面。
6. 搭配苦苣叶、蓝莓、圣女果等。

14. 甜垛垛

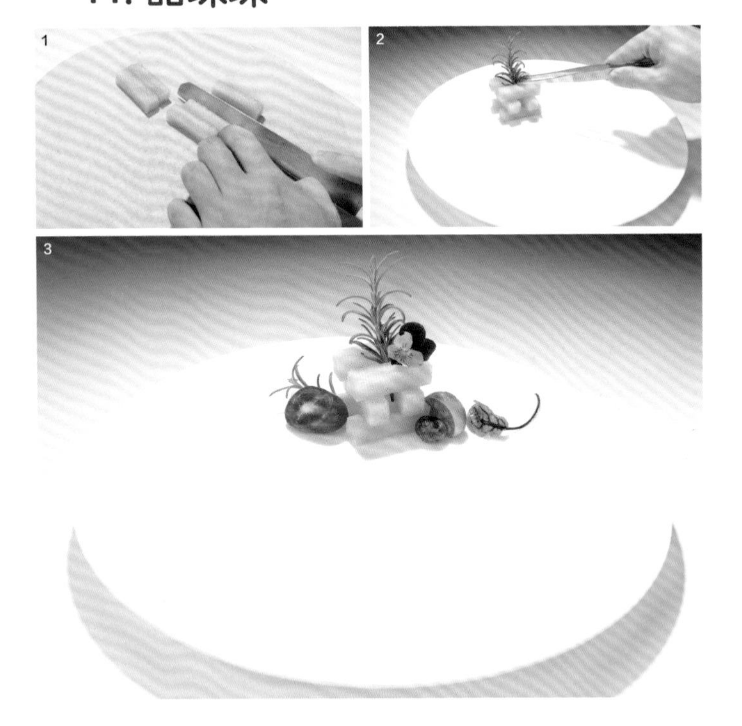

1. 哈密瓜切条。
2. 将哈密瓜条摞起来，插入一株迷迭香。
3. 搭配小青柠、圣女果、酸模叶、蓝莓、三色堇等。

15. 草莓花开

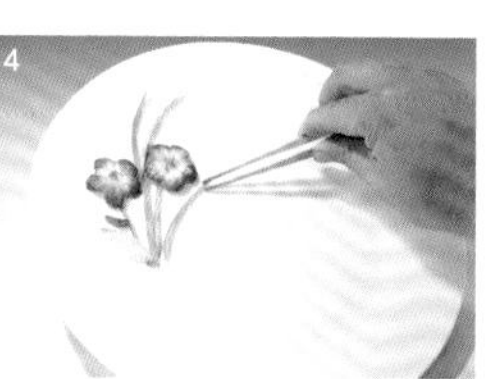

1. 将草莓的根部切下。
2. 雕成五瓣花的形状。
3. 将果肉挖去一些，然后将草莓花按在盘边。
4. 用萝卜皮雕出绿茎和绿叶摆在花的旁边。
5. 摆上几个花蕾，用果酱写上“花香”两个字即可。

16. 果味梅

1. 用绿色果酱在盘中画一弧线。
2. 将草莓根部的果肉挖掉一些，然后按在盘上。
3. 配几颗大杏仁即可。

17. 奇异果

1. 奇异果一剖两半。
2. 绿色果酱在盘上画一弧线。
3. 将奇异果摆在盘中，插入一株迷迭香，配金橘。
4. 用草莓、大杏仁点缀即可。

18. 青枝

原料：火龙果、小青柠、迷迭香、酸模叶、蓝莓。

19. 橙心橙意

原料：橙子、米兰叶、蓬莱松、三色堇、果酱。

20. 爱之舟

原料：哈密瓜、火龙果、蓝莓、圣女果、迷迭香。

21. 橙黄时节

原料：橙子、火龙果、红樱桃、苦苣叶、法香、蓝莓。

22. 回眸

原料：小青柠、橙子、火龙果、红樱桃、法香、黄瓜、蓝莓。

23. 春意

原料：猕猴桃、小青柠、红樱桃、迷迭香。

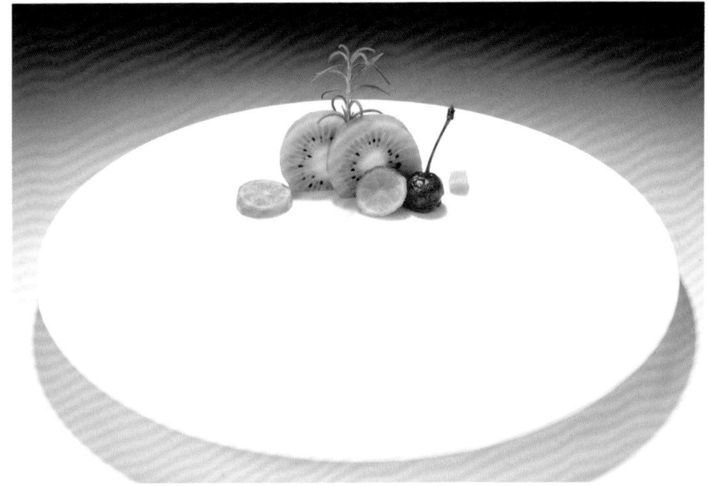

24. 清甜

原料：小青柠、火龙果、圣女果、迷迭香、薄荷叶、蓝莓。

25. 香草

原料：小青柠、火龙果、迷迭香、蓝莓、哈密瓜、圣女果。

26. 清凉夏天

原料：小青柠、橙子、火龙果、红樱桃、金钱草、蓝莓。

27. 丽影

原料：橙子、小青柠、迷迭香、酸模叶、蓝莓、圣女果、火龙果。

28. OK卷

原料：橙子、红樱桃、圣女果、小青柠、蓝莓、三色堇、酸模叶、迷迭香。

29. 幸运果

原料：猕猴桃、草莓、金橘、杏仁、迷迭香、果酱。

第五部分 简单雕刻做盘饰

1. 玉莲

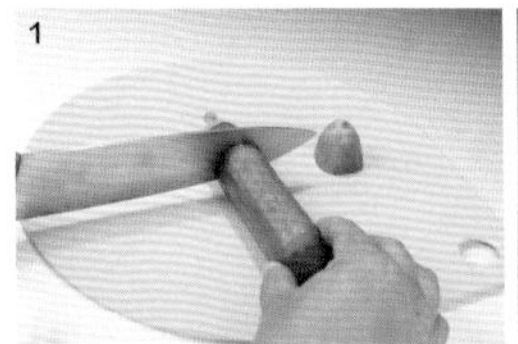

1. 切下黄瓜头。
2. 将黄瓜头侧面雕成花瓣。
3. 将瓜皮雕出，向外张开。
4. 在瓜瓤上雕出一层花瓣，向外张开。
5. 将两朵花摆在盘边，用辣椒圈做花芯，点缀几滴果酱。

2. 三个和尚没水吃

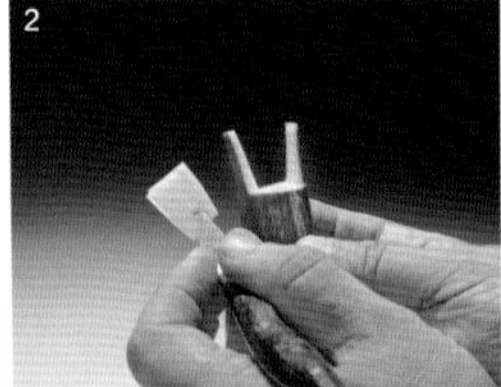
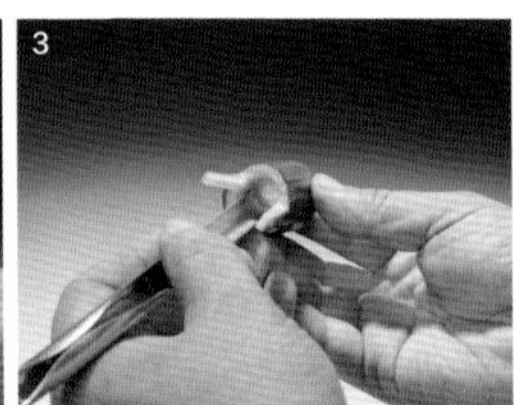
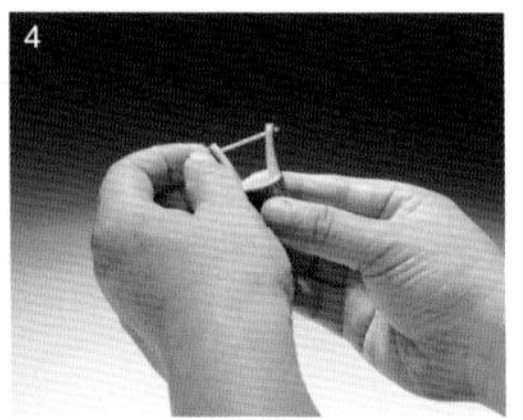

1. 荷兰黄瓜切段。
2. 雕出水桶的立柱。
3. 将水桶中间挖空。
4. 插入牙签做水桶的横梁。
5. 将小水桶摆盘边，点缀两个红樱桃。

3. 老井

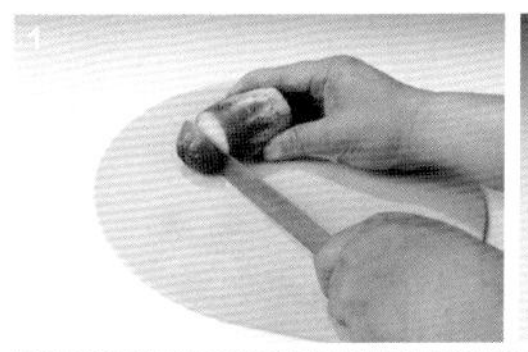
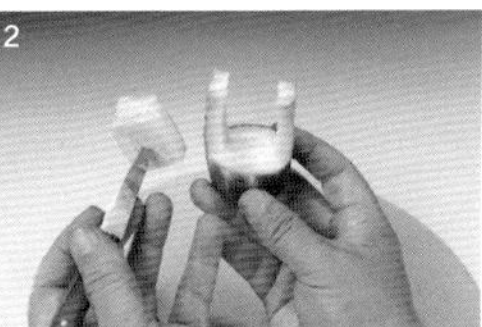
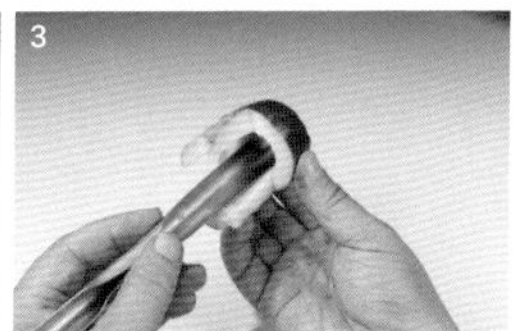
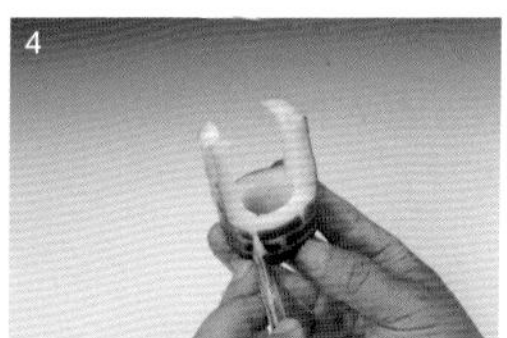
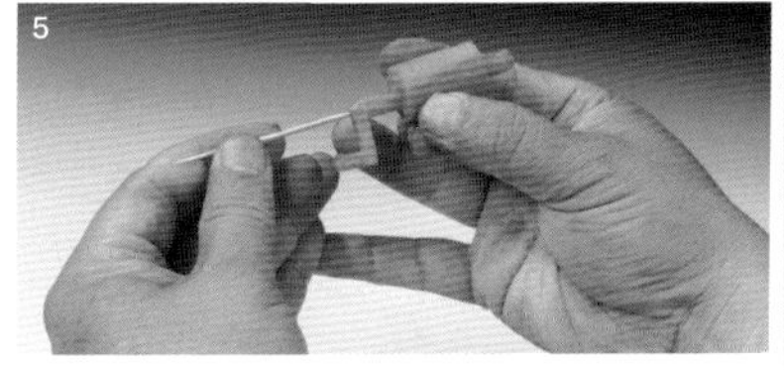

1. 黄瓜头切段。
2. 雕出老井的雏形。
3. 挖出井洞。
4. 雕出侧面的砖缝。
5. 胡萝卜雕出辘轳。
6. 将古井摆盘边，另用黄瓜雕一个小水桶，用黄瓜皮丝连在辘轳上。

4. 花船

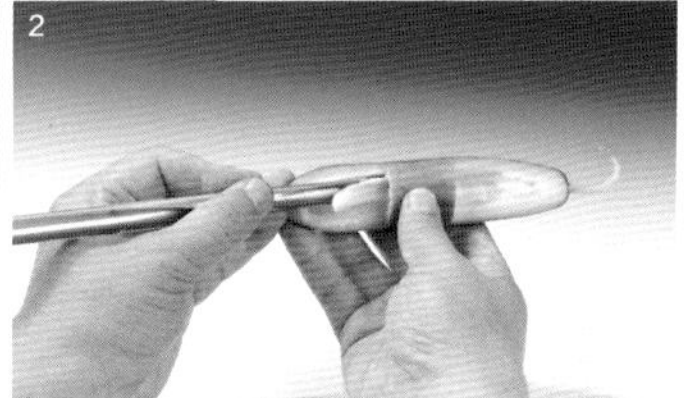

1. 小黄瓜雕出船的雏形。
2. 雕出船舱。
3. 戳出船篷上的花纹。
4. 雕一只船浆，船仓里放红樱桃、石竹花、灯笼果，船边放一朵黄瓜雕的花。

5. 小青蛙

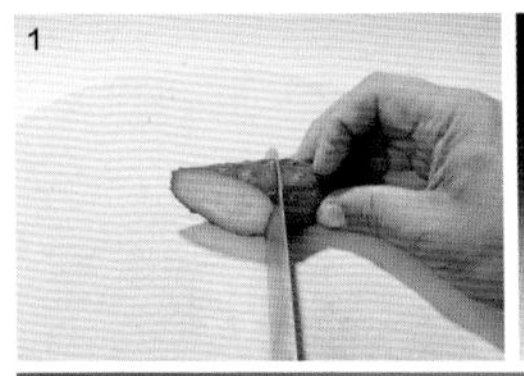
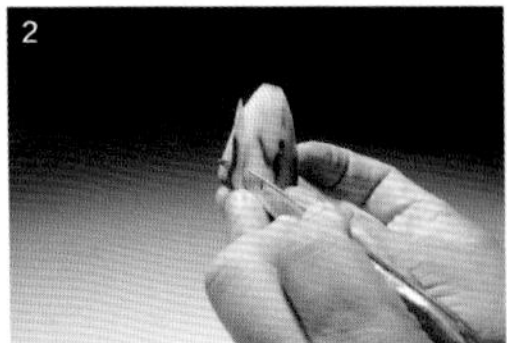
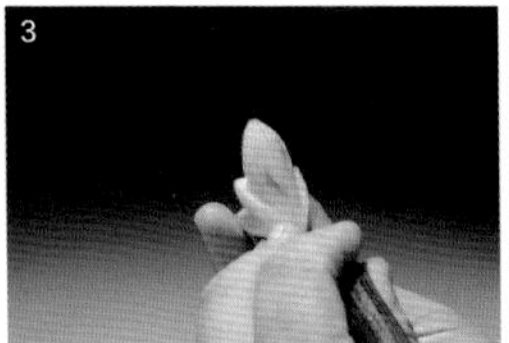
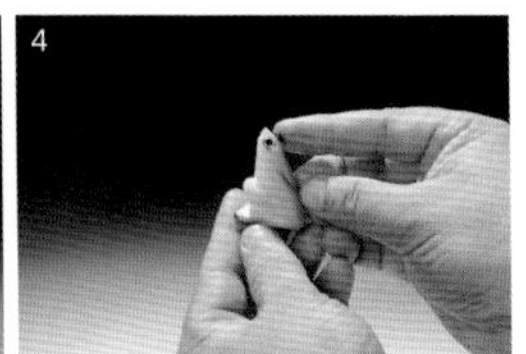

1. 黄瓜切成三角形的段。
2. 将头部修尖，削去黄瓜皮。
3. 雕出两只腿。
4. 安上两只仿真眼。
5. 将青蛙摆盘边，切几片黄瓜片做荷叶。

6. 大宅门

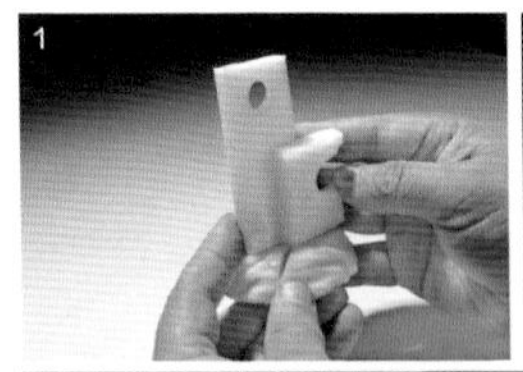
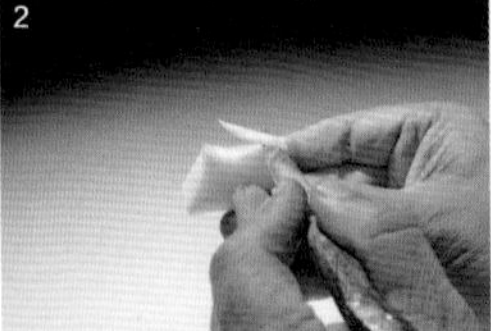

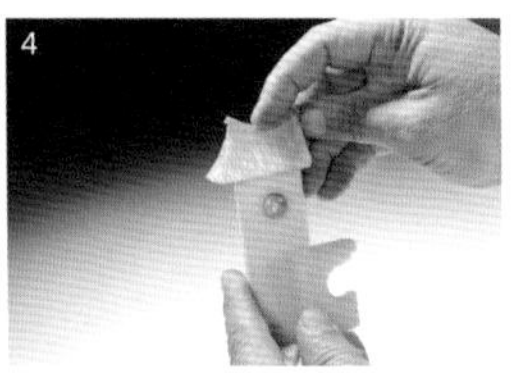

1. 白萝卜切厚片，雕出墙的形状，粘在绿萝卜底座上。
2. 绿萝卜雕出门檐的雏形。
3. 雕出门檐上的瓦楞。
4. 将檐子粘在墙的上面，再用胡萝卜雕出窗形和檐顶，固定。
5. 粘上另一个檐子，配胡萝卜花、萝卜皮雕的小草和法香。

7. 水桶

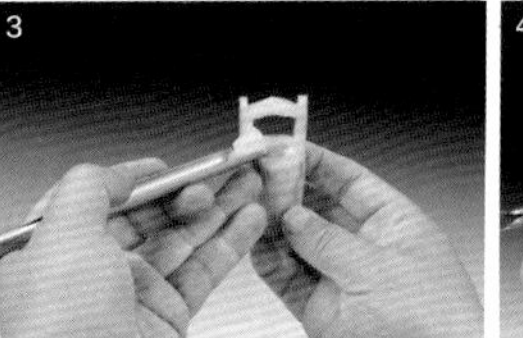
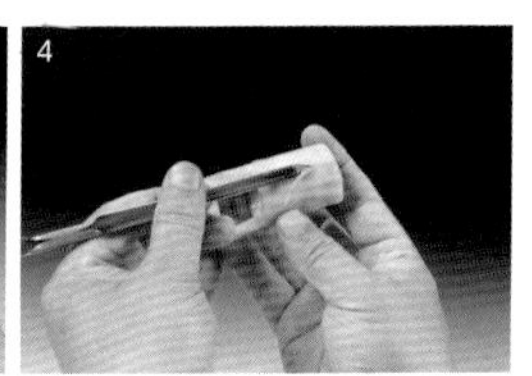
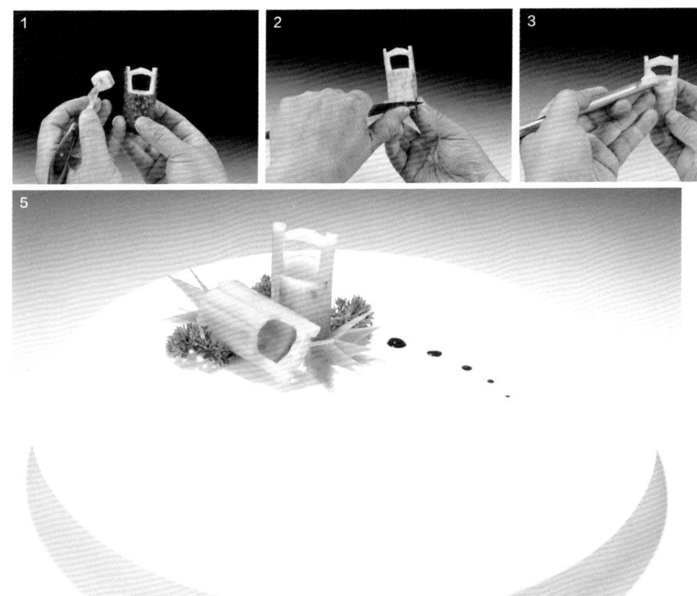

1. 将黄瓜雕成水桶形状。
2. 削去黄瓜皮。
3. 将水桶中间挖空。
4. 在侧面戳出木纹。
5. 将水桶摆盘边，搭配胡萝卜花、法香。

8. 双福齐至

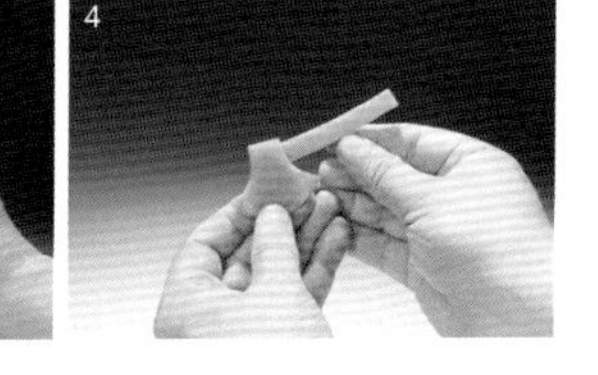
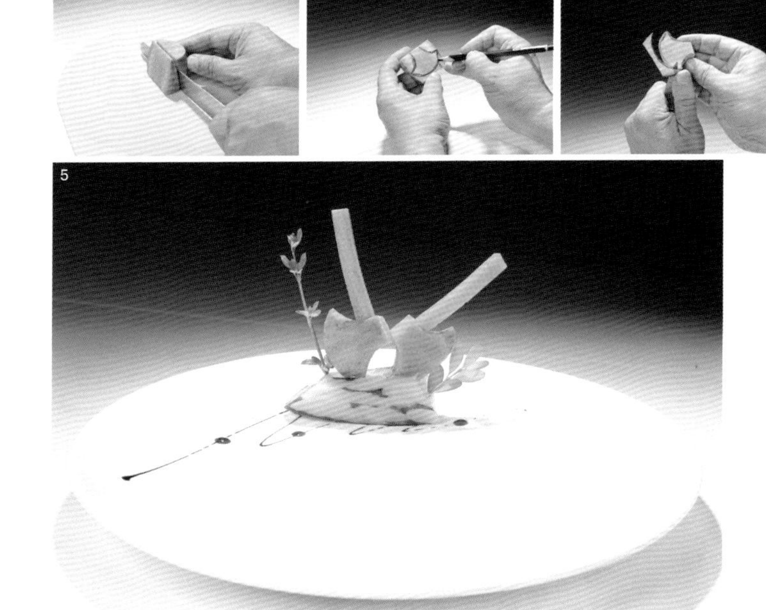

1. 胡萝卜切成尖形。
2. 画出斧头形状。
3. 雕出斧头。
4. 粘上斧把。
5. 将两把斧子立在一段黄瓜上，配米兰叶、果酱线。

9. 花生

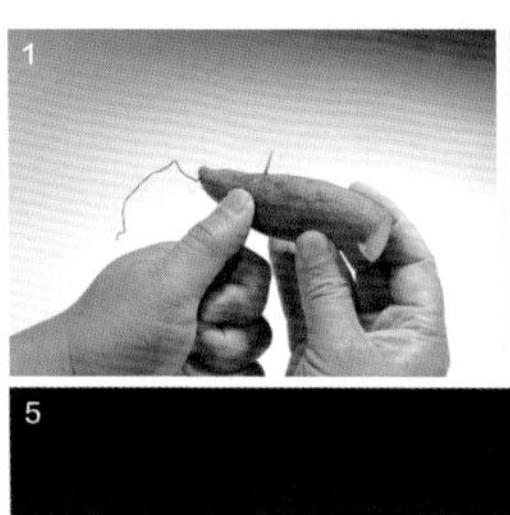
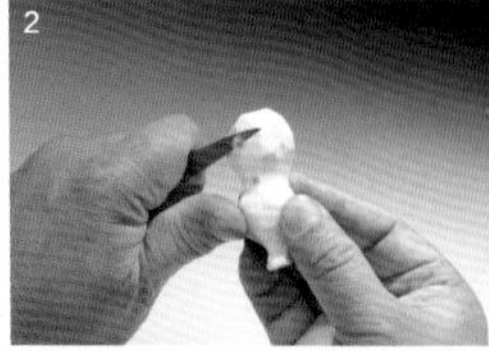

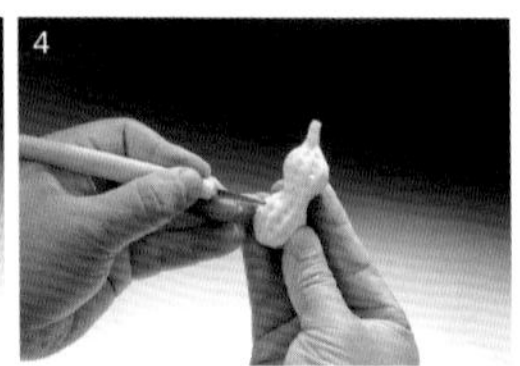

1. 取一小段红薯切去两头。
2. 将红薯去皮修成葫芦形。
3. 用小U形刀在表面戳出槽。
4. 再用小号拉刻刀挖出小圆坑。
5. 另用胡萝卜雕两粒花生米，将花生剖开挖空。萝卜皮雕出叶子粘在花生上，摆在盘边，用果酱写出“福”字。

10. 企鹅

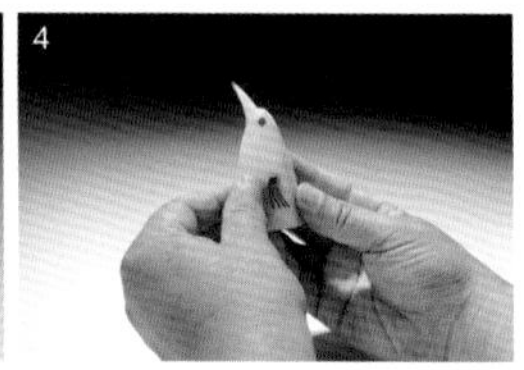

1. 黄瓜头切成楔形。
2. 雕出企鹅的嘴、腹部。
3. 雕出脚。
4. 安上眼睛、翅膀。
5. 将企鹅固定在白萝卜雕的冰山上，配胡萝卜片做太阳。

11. 心心相印

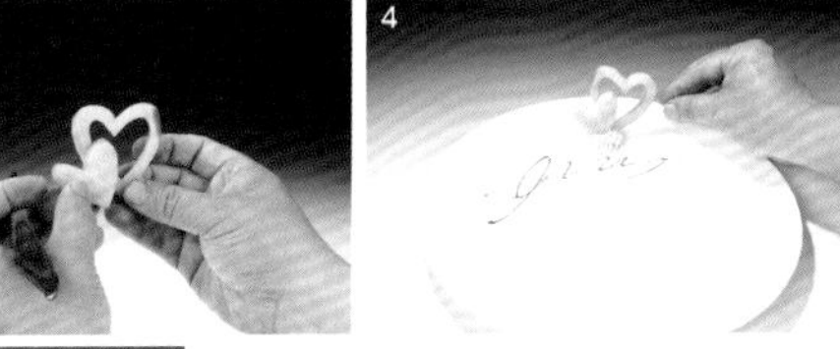

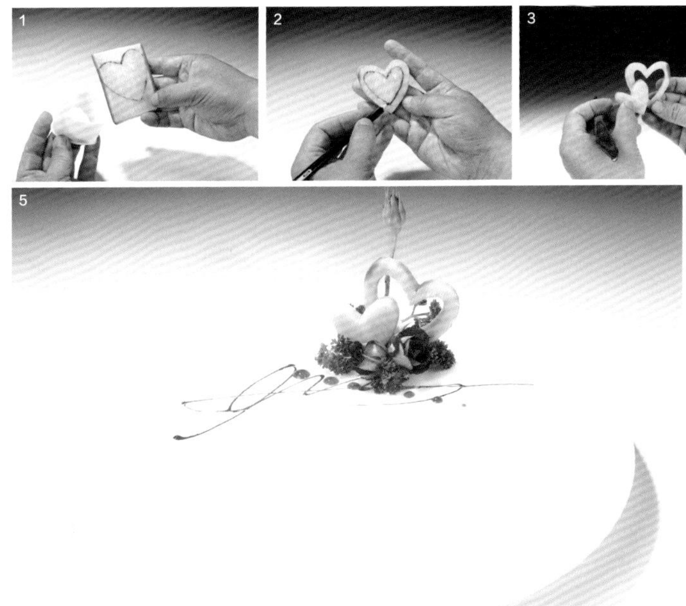

1. 绿萝卜切厚片，用模具压出或用笔画出心形。
2. 雕出心形后，沿边缘画出一个小心形。
3. 雕出后将两个心形粘在一起。
4. 在盘中画果酱线，挤土豆粉，然后将心形萝卜插在土豆粉上。
5. 搭配小玫瑰花和法香。

12. 军用铲

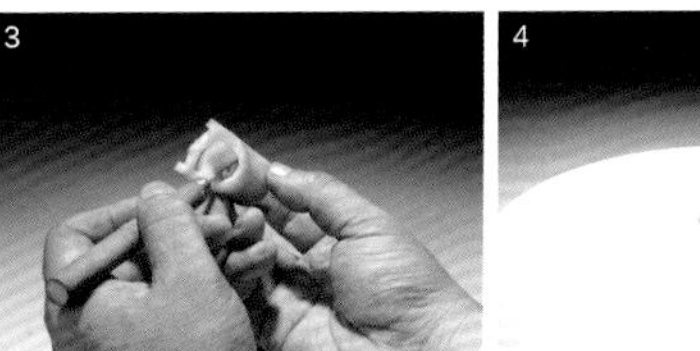

1. 在胡萝卜片上画出铲子的形状。
2. 雕出铲子。
3. 黄瓜雕出小水桶。
4. 将铲子立在土豆粉上。
5. 搭配小水桶、薄荷叶、红樱桃、米兰叶、果酱。

13. 操劳

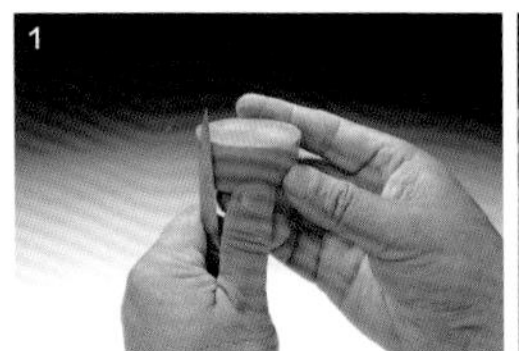
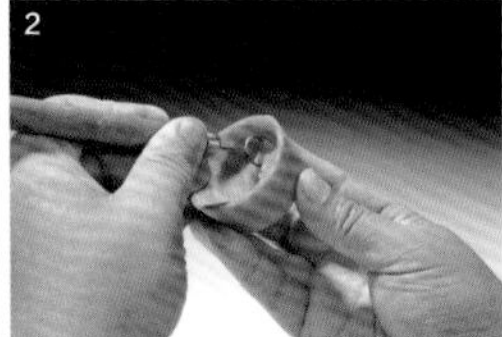

1. 胡萝卜切段，修成木盆的形状。
2. 挖空中间原料。
3. 雕出木缝。
4. 用胡萝卜雕出搓衣板。
5. 将搓衣板放盆里摆在盘边，另雕一个小板凳，配薄荷叶、果酱线。

14. 枫桥夜泊

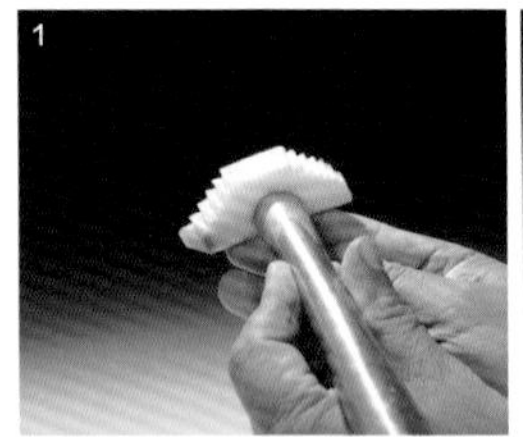

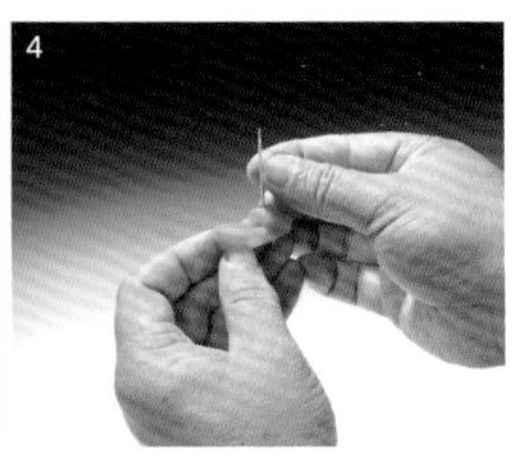
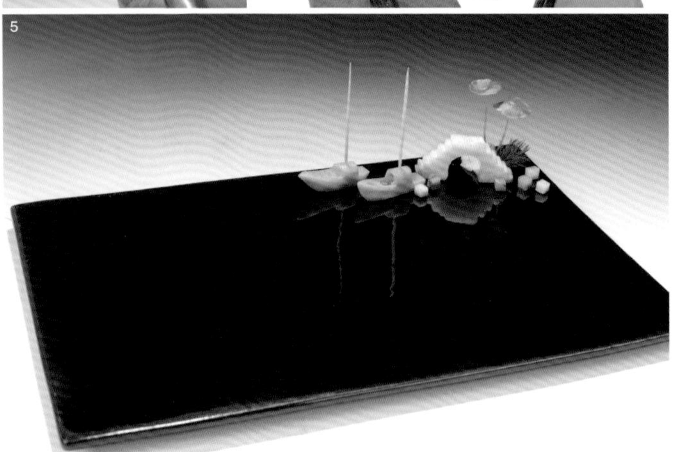

1. 绿萝卜雕出简单的小桥。
2. 胡萝卜雕出小船的形状。
3. 雕出船舱。
4. 插上牙签做桅杆。
5. 将小桥、小船摆盘边，金钱草插土豆粉上，点缀蓬莱松、萝卜丁。

15. 摘得新

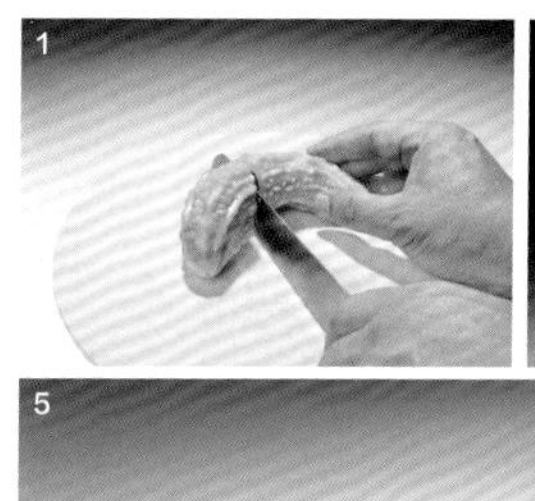

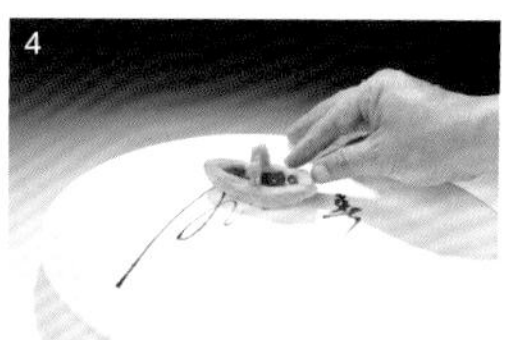

1. 取一个发黄的苦瓜斜切一刀。
2. 将苦瓜雕成篮子形状，挖出红色籽。
3. 用果酱在盘上画线条，写一个“春”字。
4. 将篮子摆在果酱线上，放入红色籽。
5. 篮内放入薄荷叶，盘上点缀两颗红色苦瓜籽。

16. 螃蟹

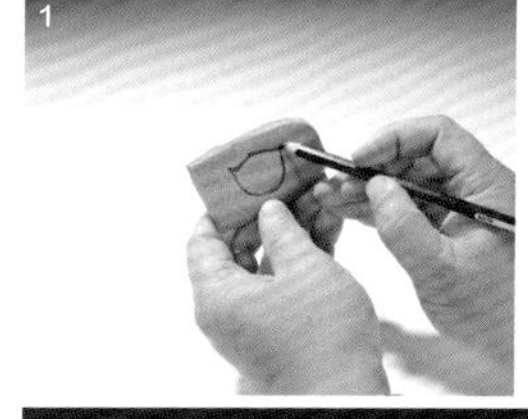
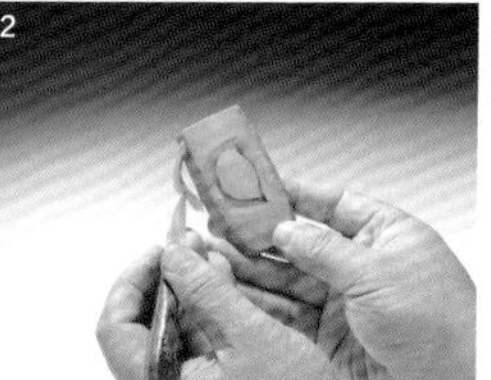
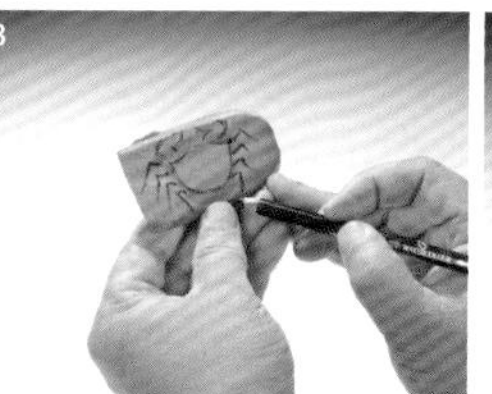
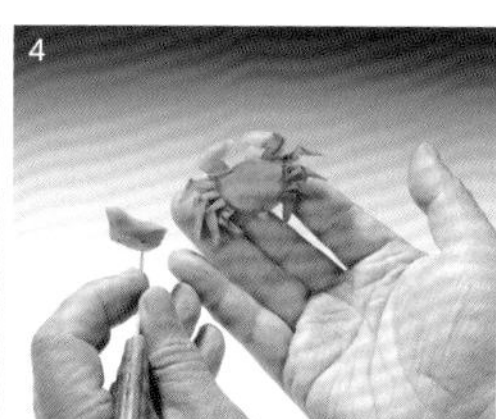

1. 在胡萝卜片上画出螃蟹壳。
2. 雕出螃蟹壳。
3. 画出蟹爪与蟹钳。
4. 雕出蟹爪、蟹钳雏形。
5. 将蟹爪、蟹钳修圆滑。
6. 用萝卜方片和萝卜段做底座，固定好螃蟹，配法香、浪花、小草。

17. 勺子虾头

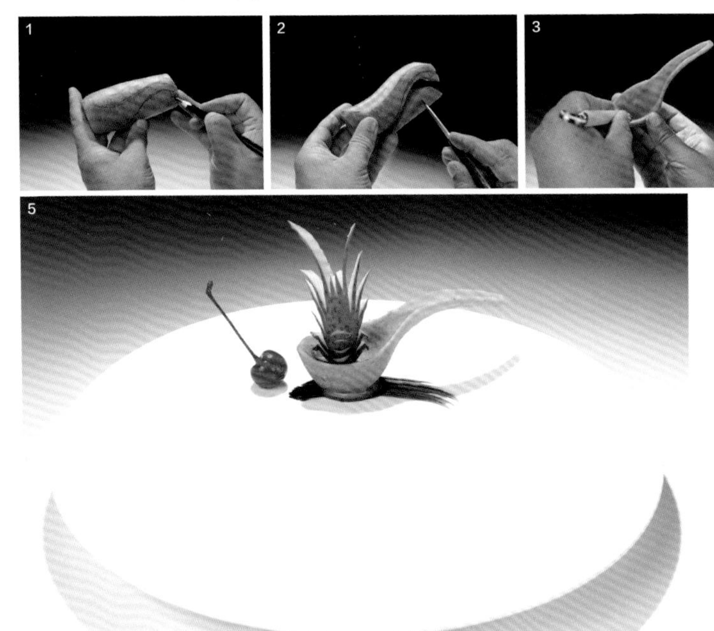

1. 胡萝卜画出勺子形状。
2. 雕出勺子大概形状。
3. 将勺子中间挖空。
4. 取半片黄瓜雕出虾头。
5. 将虾头固定在勺中，配果酱线、红樱桃。

18. 黄花翡翠虾

1. 半片黄瓜雕出虾头。
2. 雕出虾身上的节。
3. 雕出虾尾。
4. 盘中挤一点土豆粉，斜着插入虾头、虾尾。
5. 将胡萝卜花覆盖在土豆粉上，画果酱线，点缀红樱桃、薄荷叶。

19. 梦里桃花

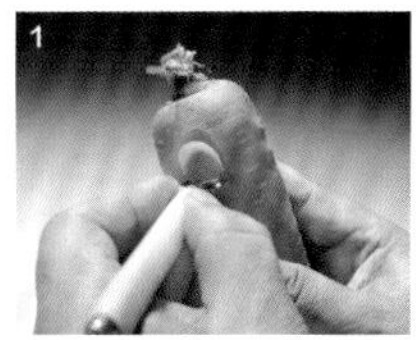

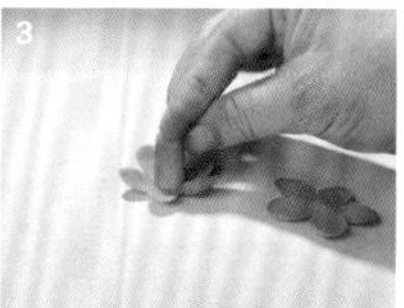
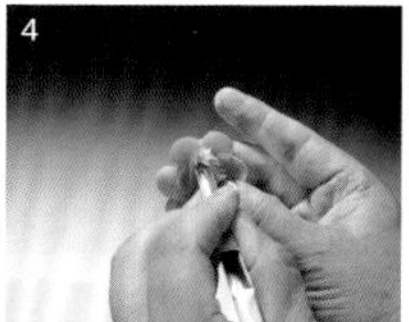

1. 用环形掏刀在胡萝卜上掏下一块原料，紧接着掏下一块勺形花瓣。
2. 将花瓣的一端削成尖形，五片花瓣拼成花的形状。
3. 心里美萝卜修成圆柱，在顶部抹点502胶水，粘在花芯。
4. 将心里美萝卜柱戳成花芯。
5. 将花朵用牙签固定在蒜薹圈上。
6. 配红樱桃、米兰叶、法香、蓬莱松，在汁盅中加干冰，淋入热水使干冰雾化。

20. 楼枕一江春水

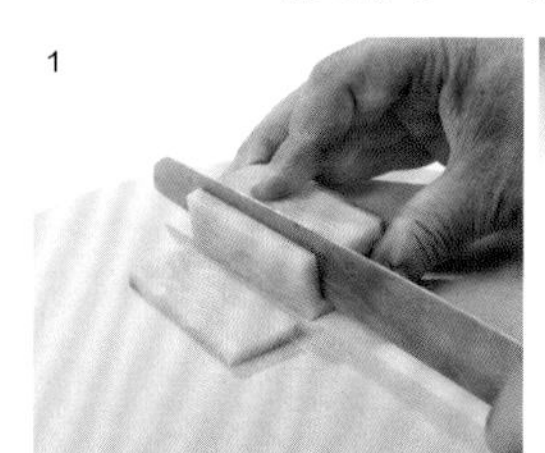
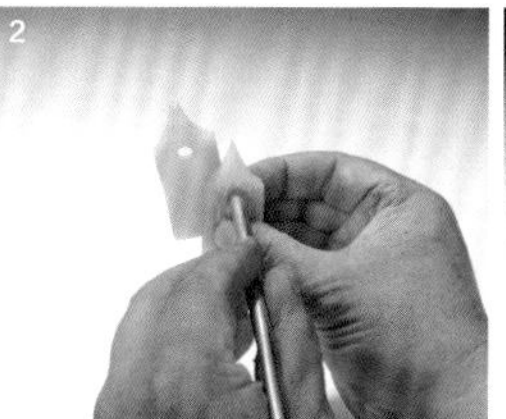

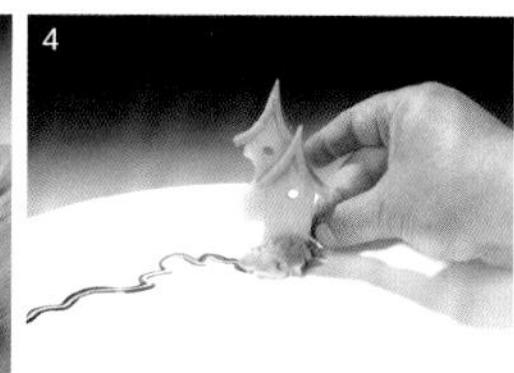

1. 绿萝卜切厚片。
2. 雕出两个山墙的形状，粘在一起，戳出圆窗。
3. 粘上胡萝卜房檐。
4. 立在挤好的土豆粉上。
5. 搭配法香、红樱桃、米兰叶、黄瓜花等。

21. 六角亭

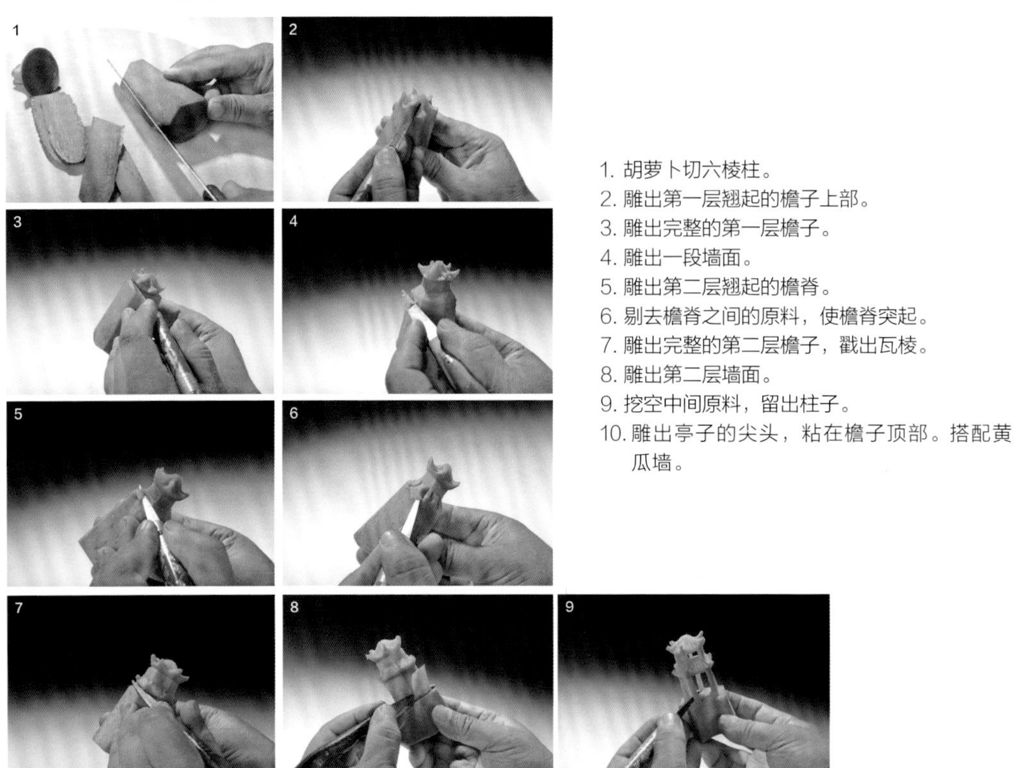

1. 胡萝卜切六棱柱。
2. 雕出第一层翘起的檐子上部。
3. 雕出完整的第一层檐子。
4. 雕出一段墙面。
5. 雕出第二层翘起的檐脊。
6. 剔去檐脊之间的原料，使檐脊突起。
7. 雕出完整的第二层檐子，戳出瓦棱。
8. 雕出第二层墙面。
9. 挖空中间原料，留出柱子。
10. 雕出亭子的尖头，粘在檐子顶部。搭配黄瓜墙。

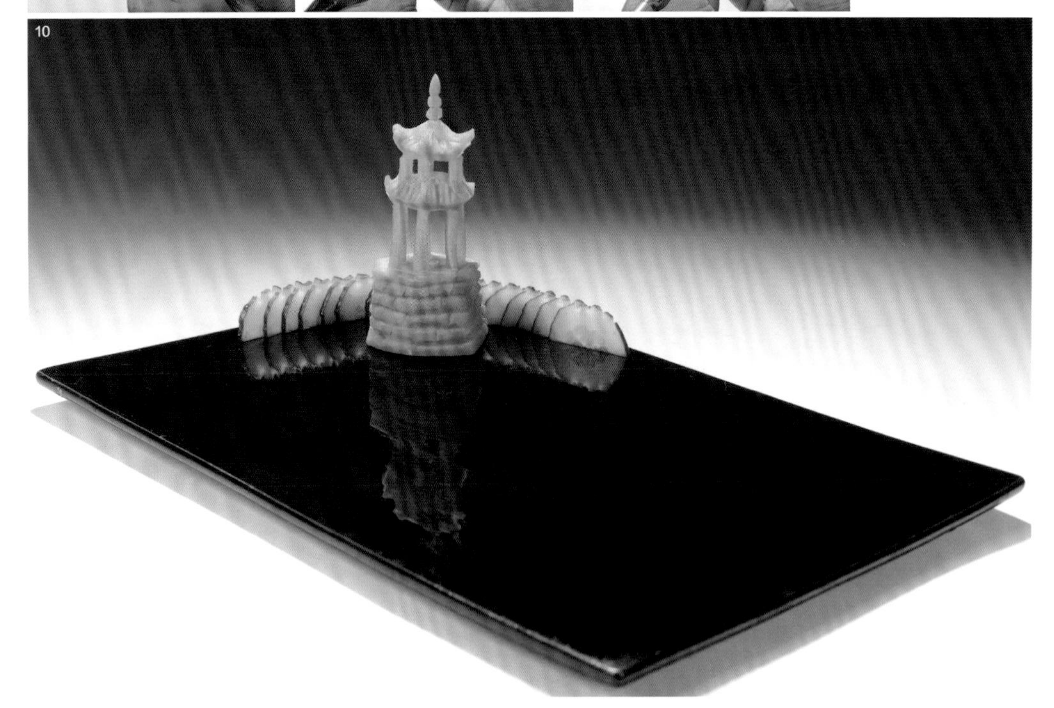

22. 生花妙笔

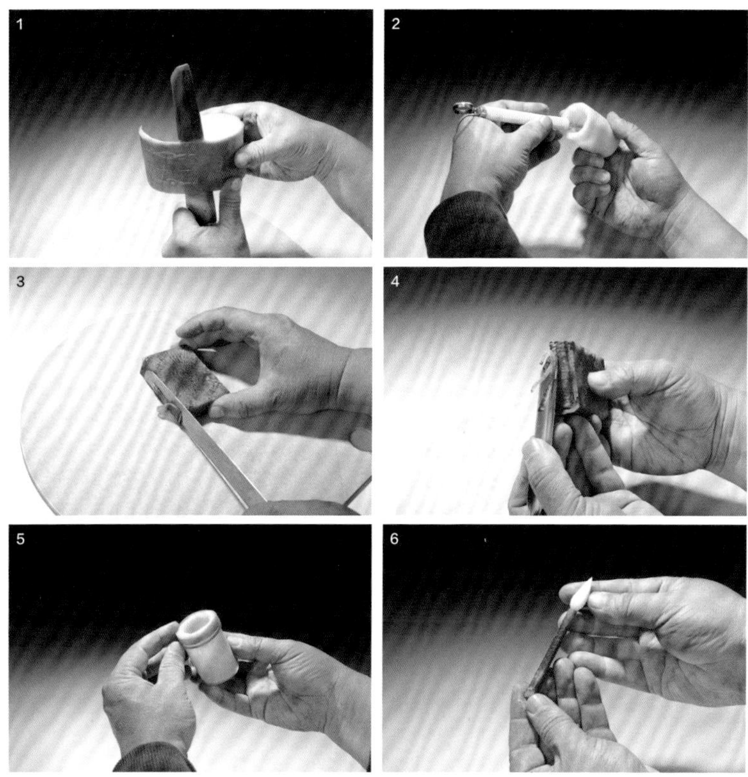

1. 取一段萝卜削皮。
2. 削成笔筒状并挖空。
3. 用心里美萝卜切成一本书的形状。
4. 戳出书的封皮和书页。
5. 胡萝卜切成细条粘在笔筒口部。
6. 用心里美萝卜和白萝卜雕出几只毛笔。
7. 摆上笔筒、毛笔、书。

23. 爱的高跟鞋

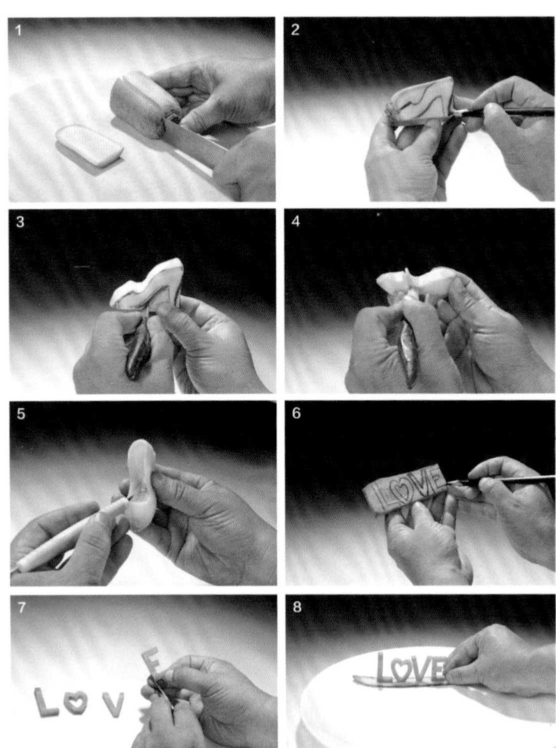

1. 绿萝卜切厚片。
2. 画出高跟鞋。
3. 雕出高跟鞋雏形。
4. 修圆滑。
5. 将鞋中间掏空。
6. 在胡萝卜片上写出LOVE。
7. 雕出字母。
8. 粘在黄瓜片上。
9. 摆上高跟鞋、红樱桃。

24. 小桥凉亭

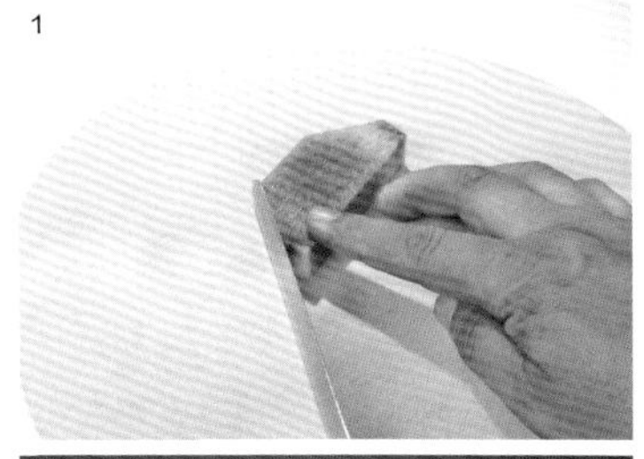

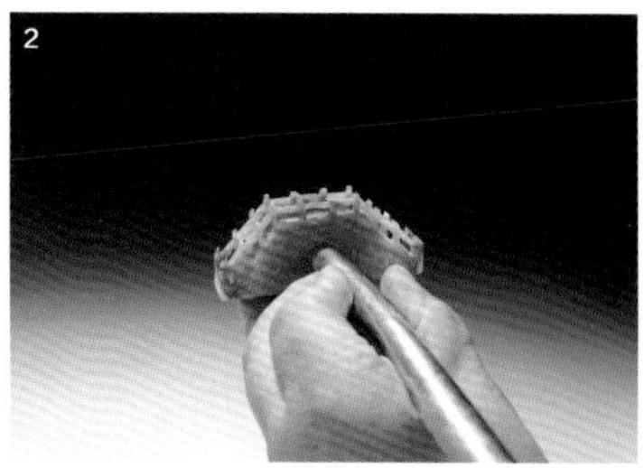

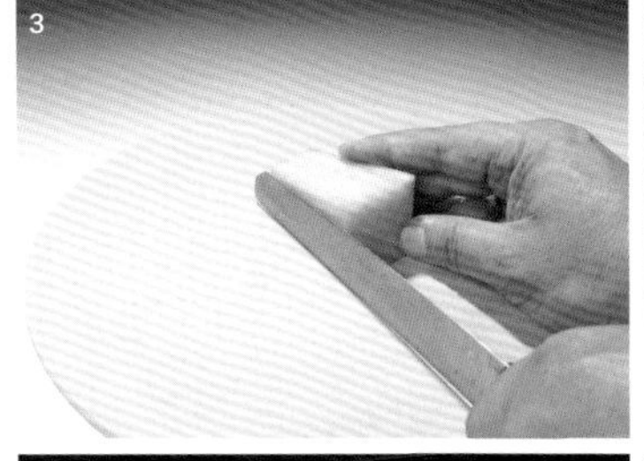

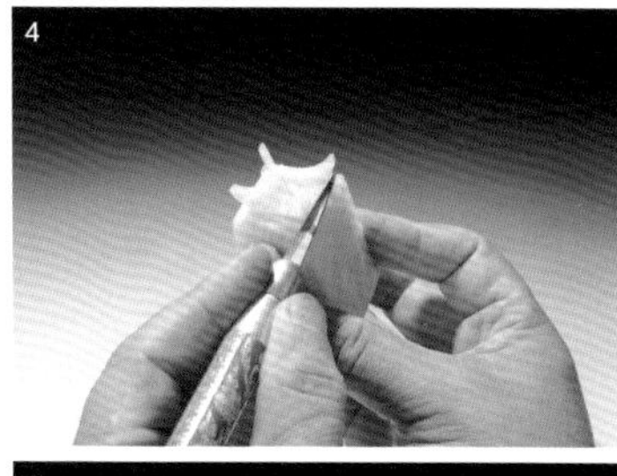

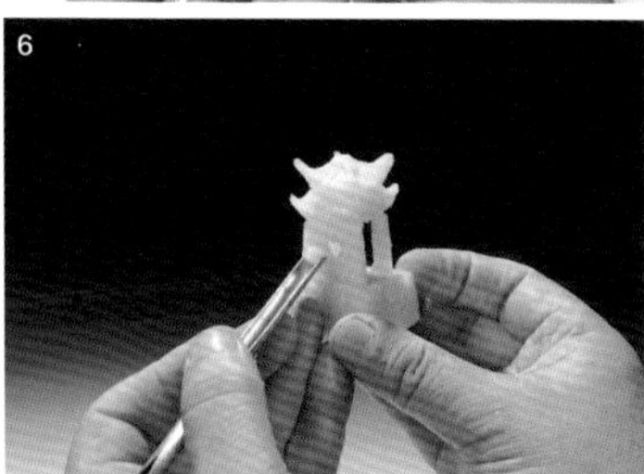

1. 心里美萝卜切成梯形厚片。
2. 雕出桥栏杆和桥洞。
3. 绿萝卜切成正方梯形。
4. 在顶部雕出第一层檐子。
5. 雕出第二层檐子，然后戳出檐子上的瓦楞。
6. 雕出一面墙，两根柱子。
7. 雕出亭子的尖粘在檐子顶部，将桥与凉亭摆在盘边，搭配迷迭香、红樱桃、蓬莱松。

25. 雁南飞

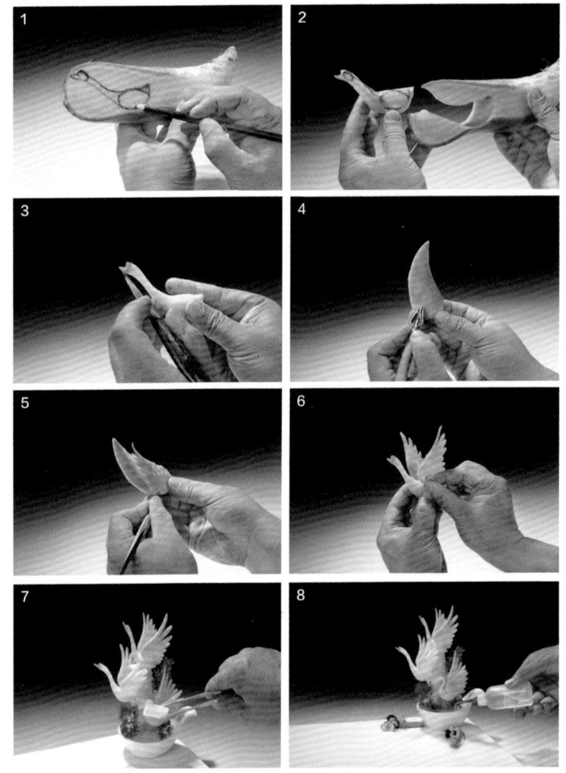

1. 萝卜切成尖形，在侧面画出大雁的形状。
2. 雕出雏形。
3. 将头部换胡萝卜雕出，从左右两侧将脖子修细，身体修光滑。
4. 将萝卜皮修出猪腰子状，用拉刻刀拉出复羽线。
5. 雕出复羽后再戳出飞羽。
6. 将翅膀背面修光滑后，用牙签固定在后背上。
7. 将三只大雁组装在山石上，搭配蓬莱松，放几块干冰在小碗中。
8. 点缀三色堇，向干冰淋热水。
9. 干冰雾化即可。

26. 画舫

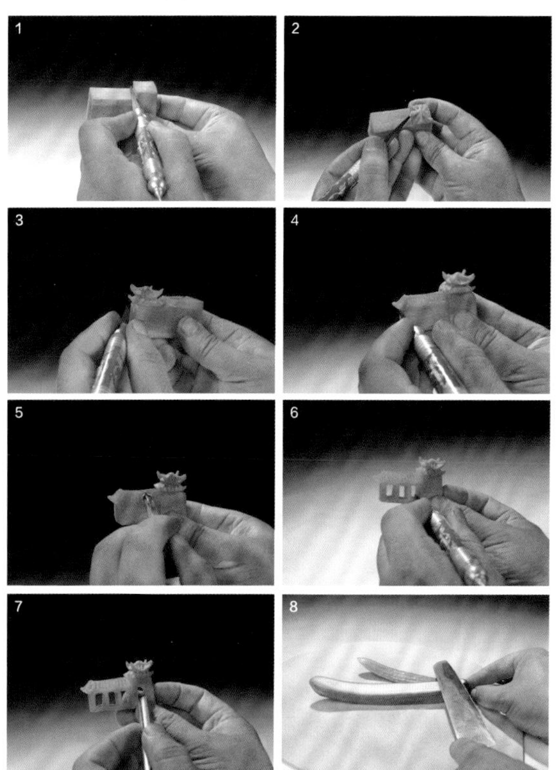

1. 胡萝卜雕出台阶形状。
2. 在高台上雕出四个檐脊。
3. 雕出两层檐子。
4. 雕出低台上的檐子。
5. 戳出檐子上的槽。
6. 雕出长檐下的柱子。
7. 雕出双层檐下的墙面。
8. 黄瓜剖开做船身。
9. 摆上画舫，搭配蓬莱松、情人草、花瓣，撒一层糖粉。

27. 连心锁

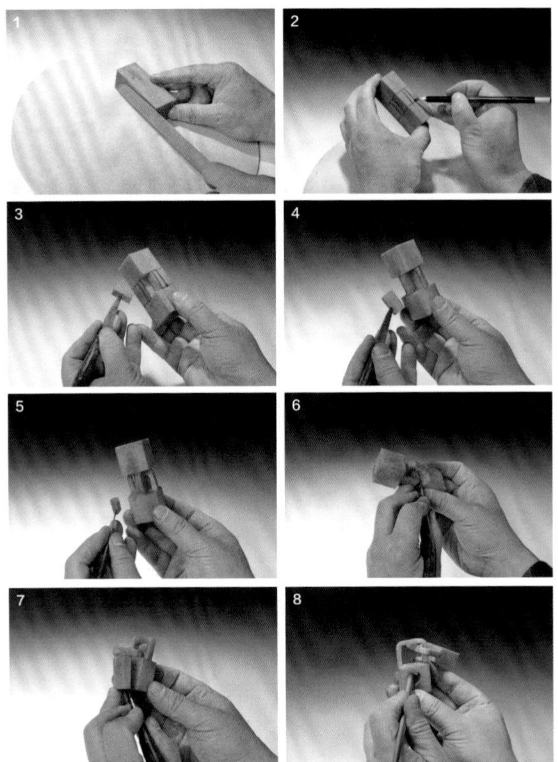

1. 胡萝卜切长方形柱。
2. 在侧面画出线。
3. 沿线直刀雕下一块方柱形废料。
4. 如此雕下另外三块废料。
5. 依次雕出锁环中心的废料。
6. 将锁环与另一个锁身分离，使两个锁分开。
7. 将锁身修成扁形。
8. 在锁身中间雕出心形洞。
9. 将连心锁摆在盘边，搭配果酱线、萝卜卷、迷迭香、红樱桃即可。

28. 连环梯

1

2

3

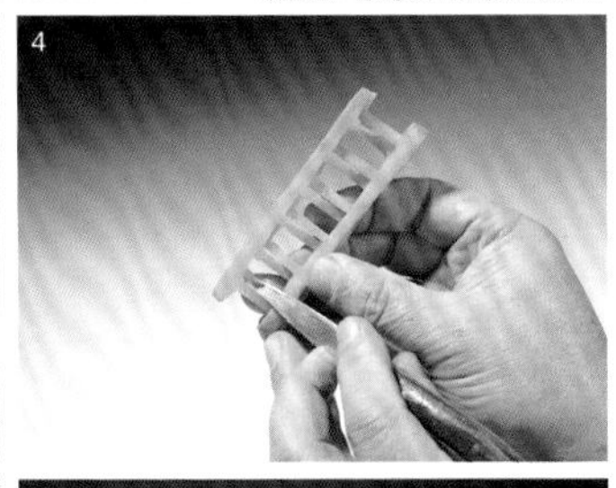
4

5

6

1. 胡萝卜切长方形厚片，然后在厚片两侧各切进三分之一深。
2. 将胡萝卜厚片雕出梯子形，将梯子的横格中间切透。
3. 将每一横格上半部分斜着切下一半废料，然后将梯子上下旋转过来，切另一半废料。
4. 将梯子的另一面也切成如此形状。
5. 将两个梯子分开，即为连环梯。
6. 在盘中挤一点土豆粉，将连环梯立在上面。
7. 搭配猕猴桃、草莓、金橘、杏仁、迷迭香、果酱即可。

7

29. 板凳

1. 南瓜切长方形厚片。
2. 雕出四个孔。
3. 另取南瓜厚片，雕成“H”形做凳子腿。
4. 将凳子腿插入孔中。
5. 将两个凳子摆在盘边即可。

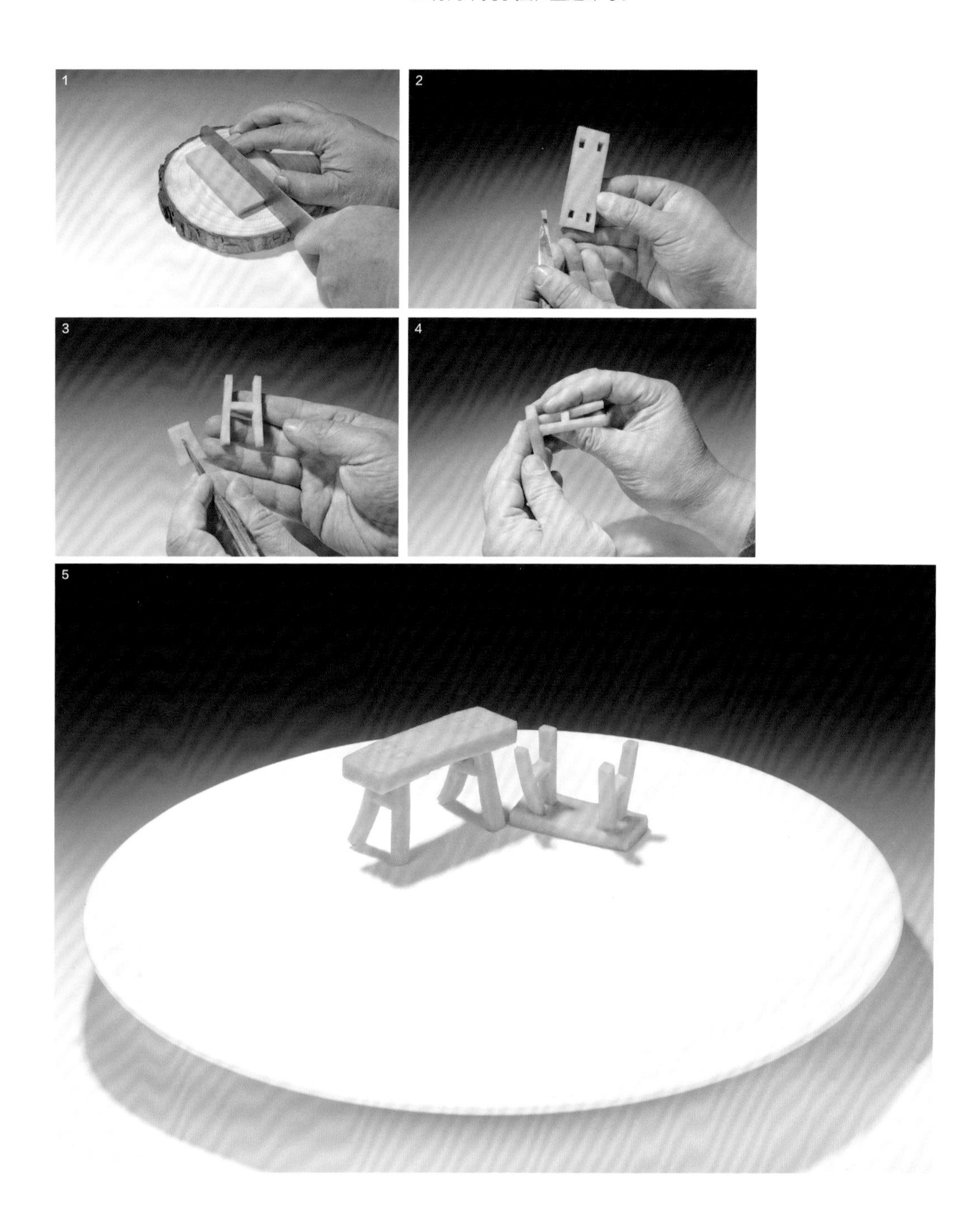

30. 大丽花

原料：心里美萝卜、黄瓜、三色堇、果酱。

31. 月季

原料：心里美萝卜、法香、南瓜、辣椒圈、绿萝卜。

32. 牡丹花

原料：胡萝卜、心里美萝卜、黄瓜、丝瓜尖。

33. 双鱼戏莲

原料：心里美萝卜、蓬莱松、果酱、胡萝卜。

34. 睡莲花

原料：心里美萝卜、胡萝卜、蓬莱松、三色堇、果酱。

35. 山茶花

原料：胡萝卜、绿萝卜、法香。

36. 回家

原料：南瓜、果酱。

37.雪糕冰淇淋

原料：绿萝卜、白萝卜、胡萝卜、心里美萝卜、果酱。

38. 余音绕梁

原料：南瓜、绿萝卜、心里美萝卜、水萝卜、法香。

39. 包包

原料：胡萝卜、法香、石榴籽、果酱。

40. 星辰

原料：绿萝卜、心里美萝卜、法香、白萝卜、南瓜、红樱桃。

41. 钢琴

原料：南瓜、果酱、金钱草。

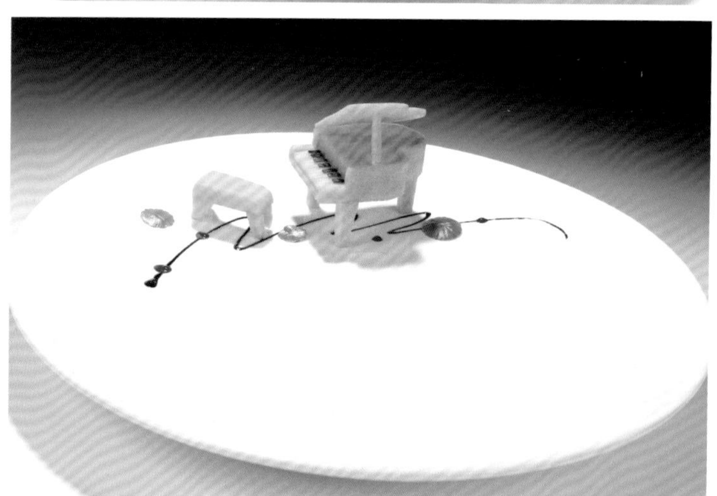

42. 贵妃椅

原料：心里美萝卜、绿萝卜、胡萝卜、果酱。

43. 购物车

原料：心里美萝卜、胡萝卜、法香、石榴籽。

44. 漂亮草帽

原料：胡萝卜、绿萝卜、心里美萝卜。

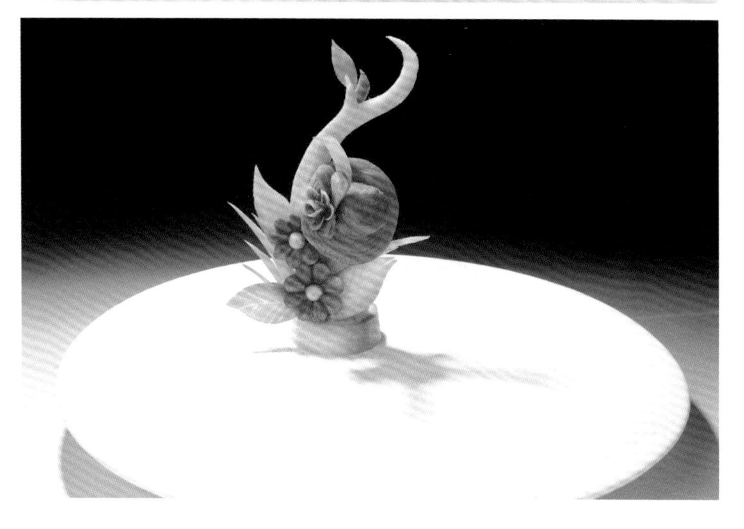

45. 摩托车

原料：胡萝卜、果酱。

46. 庭院

原料：胡萝卜、白萝卜、黄瓜、文竹。

47. 温暖的家

原料：胡萝卜、心里美萝卜、法香、果酱。

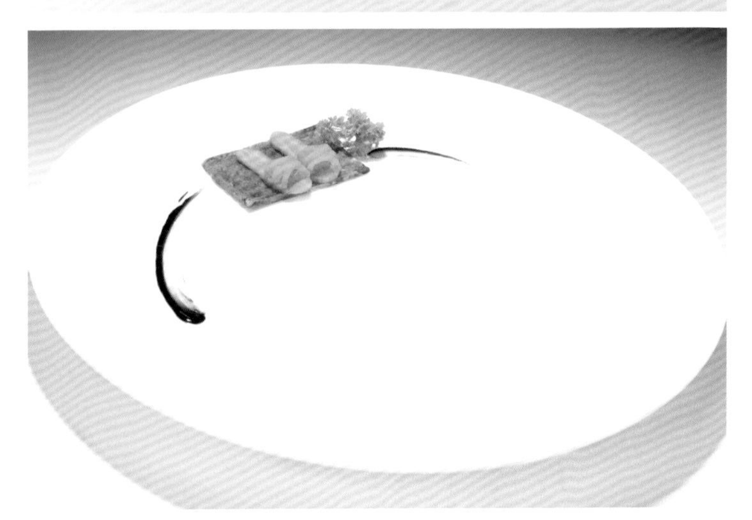

48. 漂亮天鹅

原料：白萝卜、心里美萝卜、绿萝卜、法香。

49. 枯木逢春

原料：黄瓜、白蘑菇、水萝卜、米兰叶、蓬莱松、青豆、心里美萝卜。

50. 天梯

原料：胡萝卜、土豆粉、生菜叶、迷迭香、红樱桃、果酱。

51. 白月琴

原料：胡萝卜、白萝卜、绿萝卜、法香、水萝卜。

52. 美好时光

原料：胡萝卜、绿萝卜、果酱。

53. 爱情伞

原料：胡萝卜、绿萝卜、心里美萝卜、法香、红辣椒。

第六部分
果酱画做盘饰

1. 小花

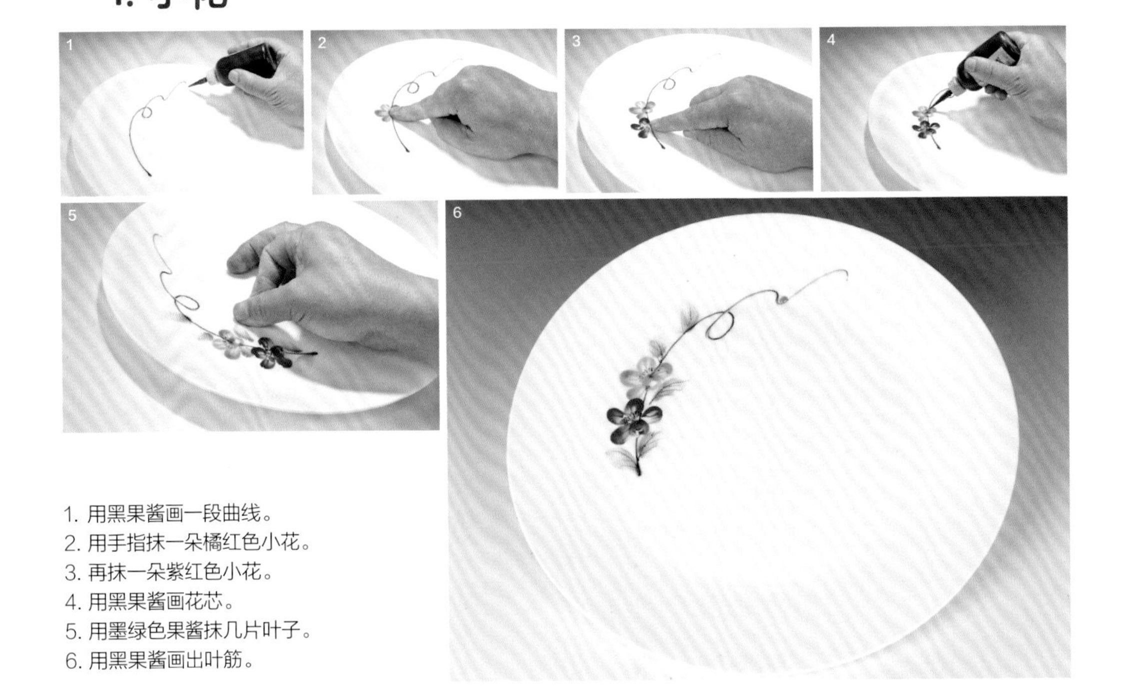

1. 用黑果酱画一段曲线。
2. 用手指抹一朵橘红色小花。
3. 再抹一朵紫红色小花。
4. 用黑果酱画花芯。
5. 用墨绿色果酱抹几片叶子。
6. 用黑果酱画出叶筋。

2. 兰花

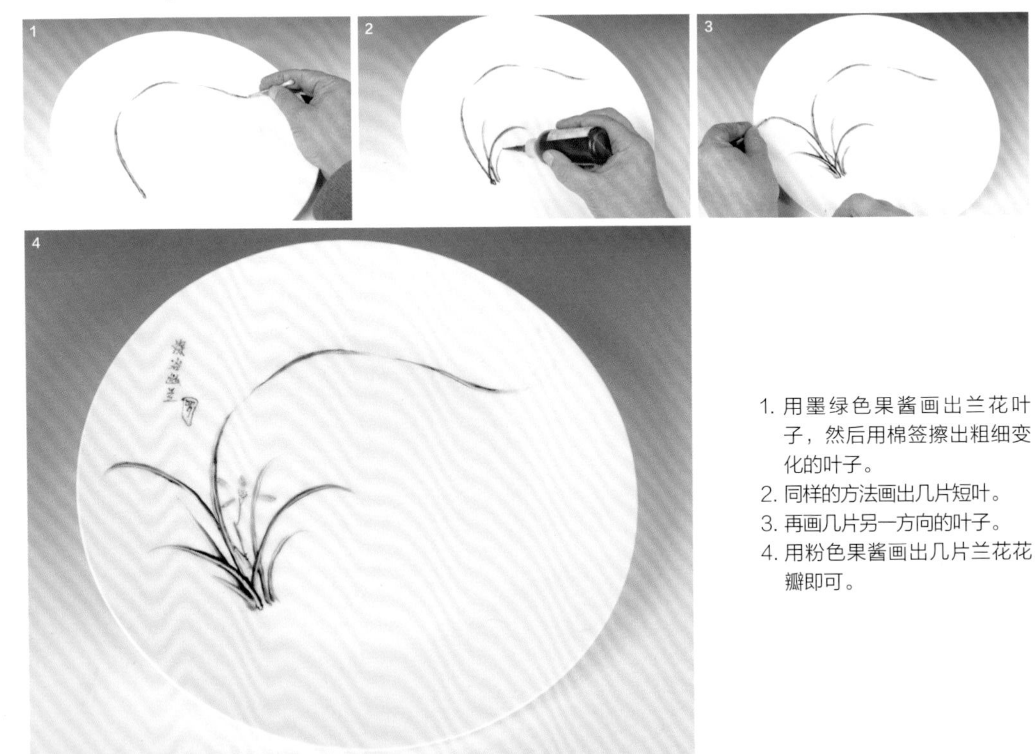

1. 用墨绿色果酱画出兰花叶子，然后用棉签擦出粗细变化的叶子。
2. 同样的方法画出几片短叶。
3. 再画几片另一方向的叶子。
4. 用粉色果酱画出几片兰花花瓣即可。

3. 竹

1. 黑色果酱画一段果酱线。
2. 用水果刀划出竹节。
3. 画出细竹枝。
4. 用小毛笔蘸果酱画出竹叶。
5. 再用墨绿色果酱补画几片竹叶即可。

4. 荷花

1. 用墨绿色果酱画一段曲线，然后抹出荷叶。
2. 补画一段曲线，抹出一片完整的荷叶。
3. 同样方法抹出另一片荷叶。
4. 用灰色果酱画出花瓣和茎。
5. 在花瓣尖部画一点橙色果酱，用黑色果酱画几片草叶即可。

5. 水乡

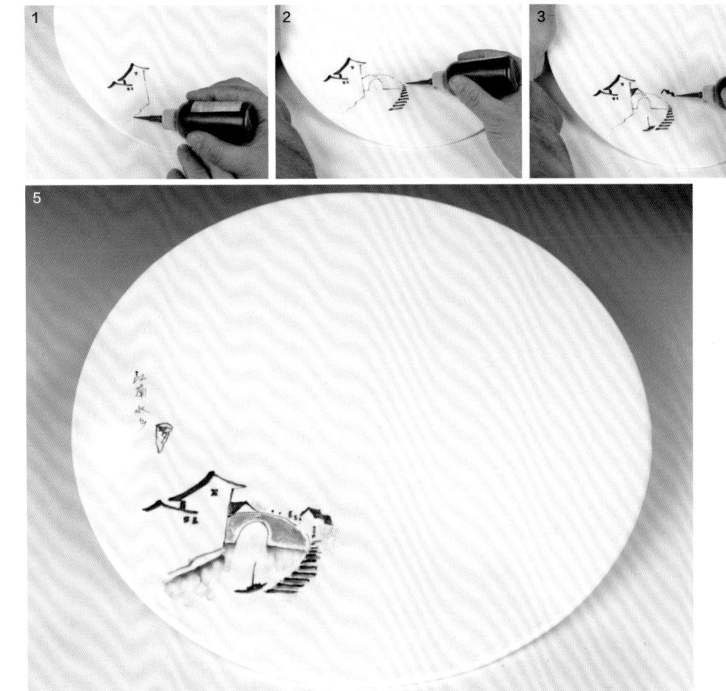

1. 黑色果酱画出房子。
2. 再画出小桥和石阶。
3. 画出小船和远处的房子。
4. 用灰色果酱画出倒影。
5. 再画出人影和绿树即可。

6. 麻雀

1. 在盘中挤一滴果酱，抹出鸟头。
2. 再抹出鸟背。
3. 用黑色果酱画出眼睛、腹部、鸟尾，再用浅灰色果酱涂抹腹部。
4. 用小毛笔蘸黑色果酱画出翅膀。
5. 同样方法再画一只小鸟，在鸟背上画几个小黑点即可。

7. 喇叭花

1. 紫红色果酱在盘中画一段弧线。
2. 用手指上下抹出花瓣的上部。
3. 再画出花瓣的下部圆弧。
4. 抹出花瓣下部，用棉签擦出喇叭花形。
5. 用黑色果酱画出花芯，并画出另外两朵喇叭花。
6. 墨绿色果酱抹出叶子。
7. 用黑色果酱画出叶筋。
8. 用棉签擦出几个花蕾即可。

8. 芙蓉花

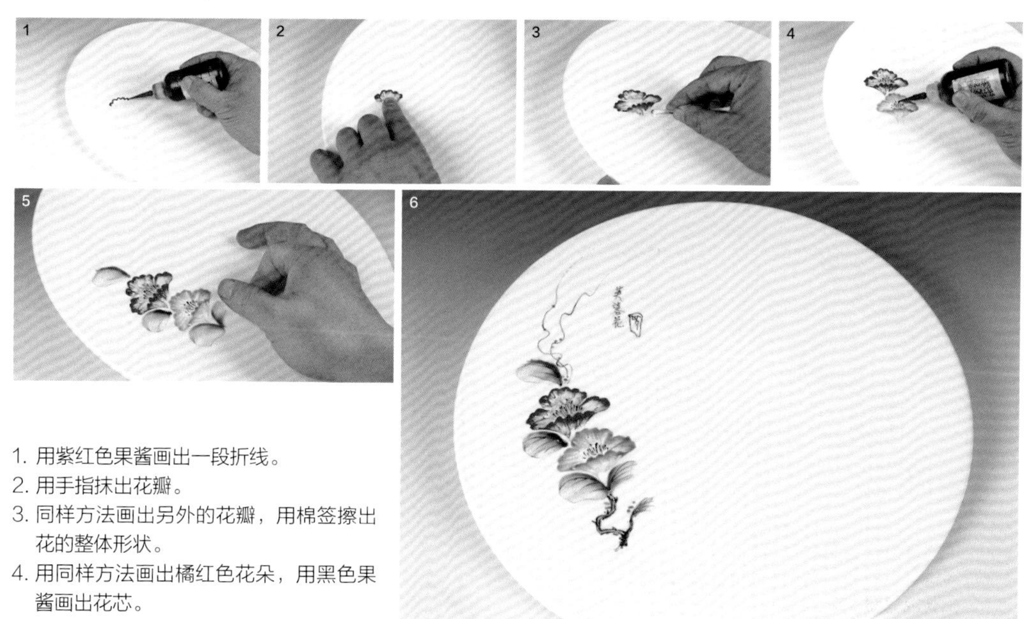

1. 用紫红色果酱画出一段折线。
2. 用手指抹出花瓣。
3. 同样方法画出另外的花瓣，用棉签擦出花的整体形状。
4. 用同样方法画出橘红色花朵，用黑色果酱画出花芯。
5. 用墨绿色果酱抹出叶子。
6. 用黑色果酱画出枝、蔓即可。

9. 鱼乐

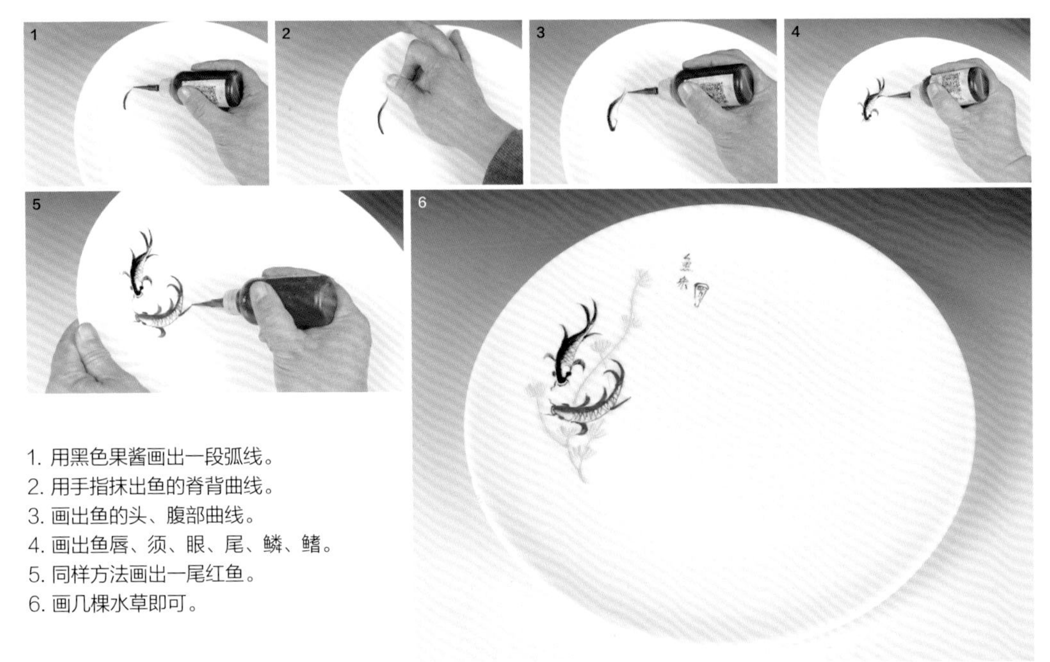

1. 用黑色果酱画出一段弧线。
2. 用手指抹出鱼的脊背曲线。
3. 画出鱼的头、腹部曲线。
4. 画出鱼唇、须、眼、尾、鳞、鳍。
5. 同样方法画出一尾红鱼。
6. 画几棵水草即可。

10. 小鸟

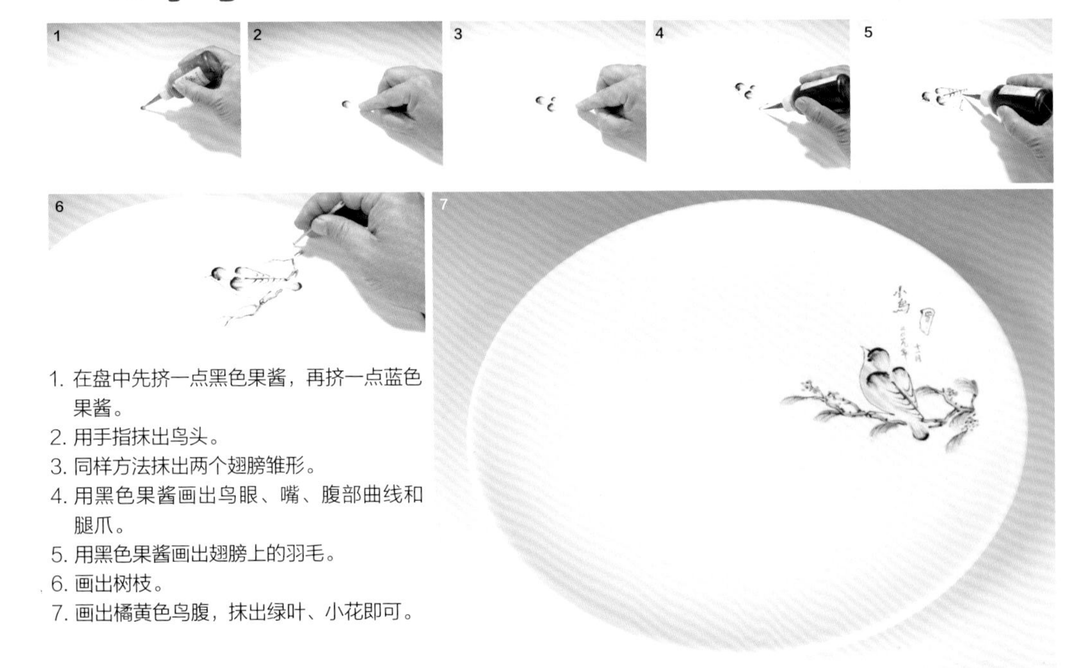

1. 在盘中先挤一点黑色果酱，再挤一点蓝色果酱。
2. 用手指抹出鸟头。
3. 同样方法抹出两个翅膀雏形。
4. 用黑色果酱画出鸟眼、嘴、腹部曲线和腿爪。
5. 用黑色果酱画出翅膀上的羽毛。
6. 画出树枝。
7. 画出橘黄色鸟腹，抹出绿叶、小花即可。

11. 梅花

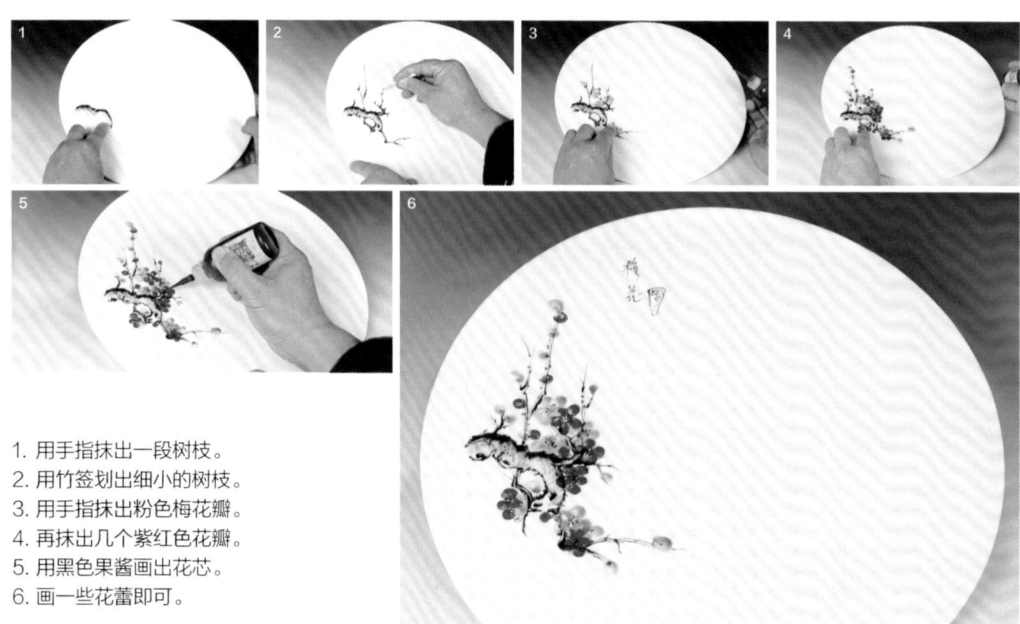

1. 用手指抹出一段树枝。
2. 用竹签划出细小的树枝。
3. 用手指抹出粉色梅花瓣。
4. 再抹出几个紫红色花瓣。
5. 用黑色果酱画出花芯。
6. 画一些花蕾即可。

12. 抹虾

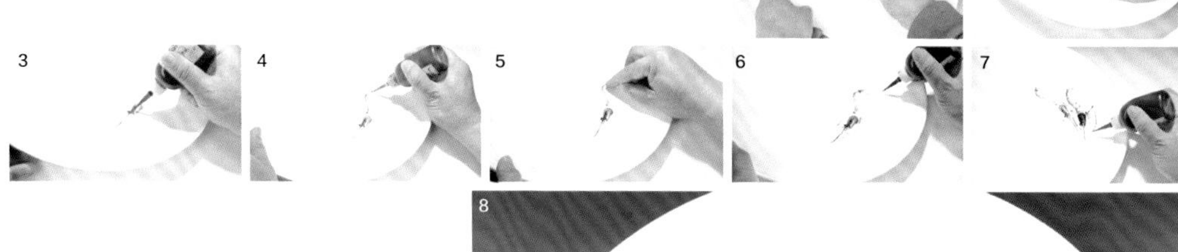

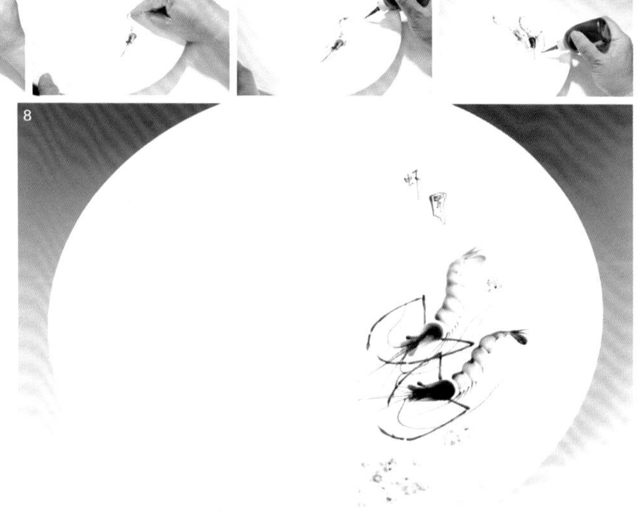

1. 在盘中挤一滴黄豆粒大小的灰色果酱。
2. 用手指推出虾头。
3. 用黑色果酱画出虾的眼睛和须子。
4. 用灰色果酱画出虾背曲线。
5. 抹出虾节。
6. 画出虾尾。
7. 同样方法用黑色果酱画出另一只虾，画出虾钳。
8. 画出水草即可。

13. 荷

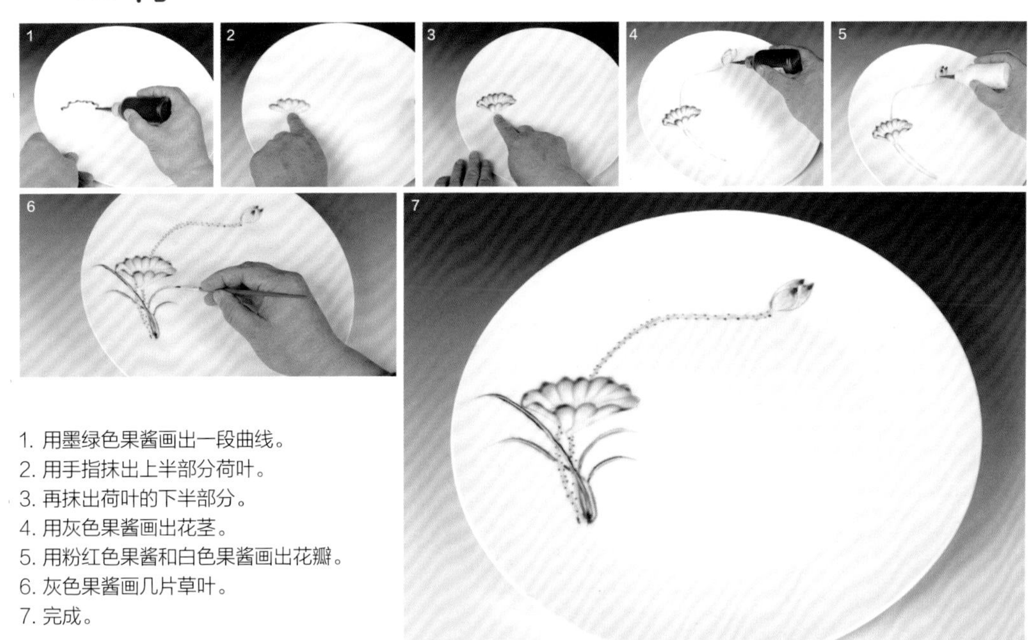

1. 用墨绿色果酱画出一段曲线。
2. 用手指抹出上半部分荷叶。
3. 再抹出荷叶的下半部分。
4. 用灰色果酱画出花茎。
5. 用粉红色果酱和白色果酱画出花瓣。
6. 灰色果酱画几片草叶。
7. 完成。

14. 水鸟

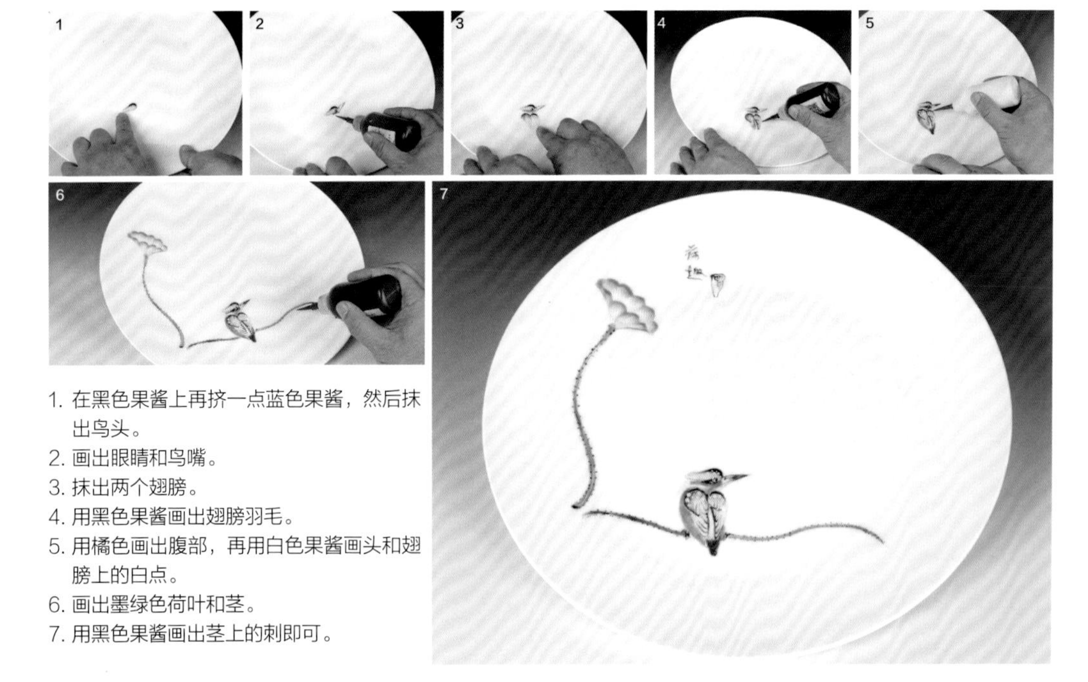

1. 在黑色果酱上再挤一点蓝色果酱，然后抹出鸟头。
2. 画出眼睛和鸟嘴。
3. 抹出两个翅膀。
4. 用黑色果酱画出翅膀羽毛。
5. 用橘色画出腹部，再用白色果酱画头和翅膀上的白点。
6. 画出墨绿色荷叶和茎。
7. 用黑色果酱画出茎上的刺即可。

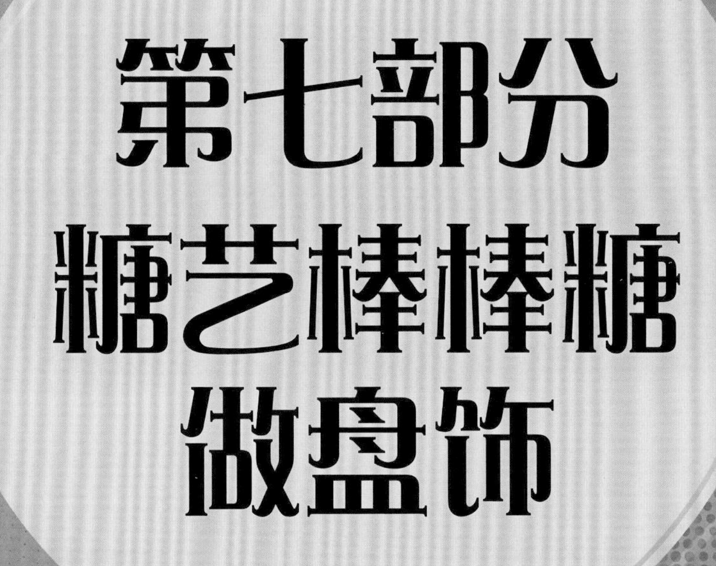

第七部分 糖艺棒棒糖做盘饰

1. 熬糖与上色

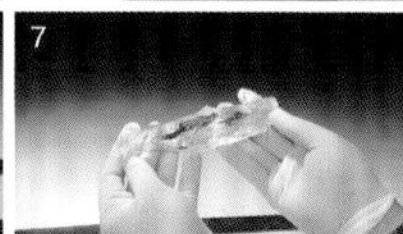
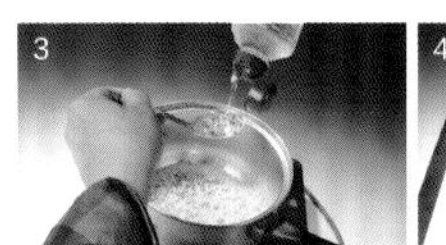

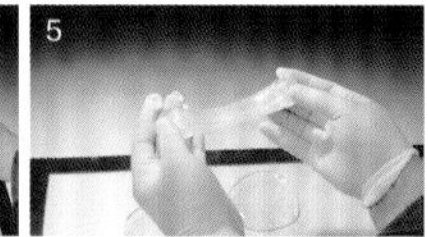
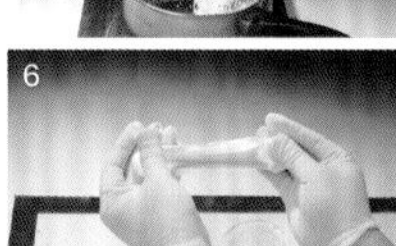

1. 将500克艾素糖放入干净的锅中（不加水）。
2. 打开电磁炉加热，慢慢翻动艾素糖。
3. 将艾素糖加热至融化透明无颗粒时加入两匙葡萄糖浆搅匀。
4. 将熬好的糖倒在不粘垫上，晾至半凝固状。
5. 将糖反复抻拉。
6. 将糖抻拉大约30下左右，糖会因为空气折射而发光发亮，此时即可进入下一步制作。
7. 也可将食用色素包入糖中，然后反复抻拉。
8. 抻拉一会后，色素会均匀扩散到糖中且发光发亮，此时即可进行下一步操作。

2. 红叶

1. 绿色糖和白色糖揉在一起，用气囊吹成球。
2. 当糖球变硬定型时，用酒精灯烤软根部，剪下糖球。
3. 撕下一片红色透明糖，放在叶模中压出一片红叶。
4. 将糖球、红叶粘在盘边，配果酱线和金橘即可。

3. 小雏菊

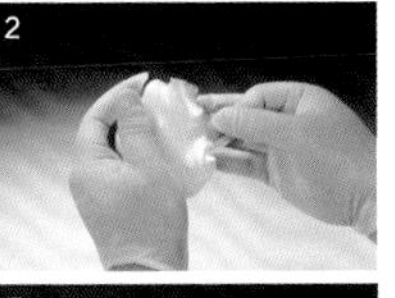

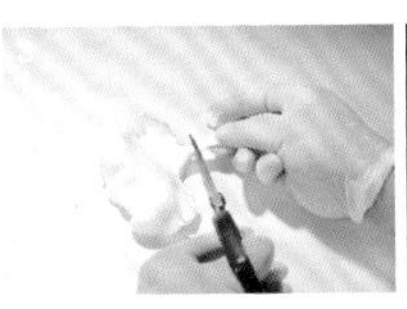

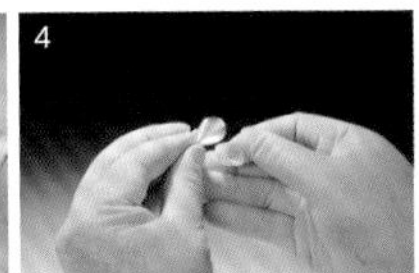

1. 将拉白拉亮的艾素糖撕扯出一个薄薄的刀刃形状。
2. 横向撕扯出一个圆形的花瓣。
3. 用剪刀剪下小花瓣。
4. 将花瓣根部捏细。
5. 用橙色糖捏出一个小花芯，用剪刀剪下。
6. 将花瓣根部用酒精灯烤软，粘在花芯周围。
7. 将六片花瓣粘在花芯周围。
8. 另拉出一个彩色糖圈，粘在盘子上，将小花粘在糖圈上，配果酱线和红樱桃即可。

4. 糖葫芦

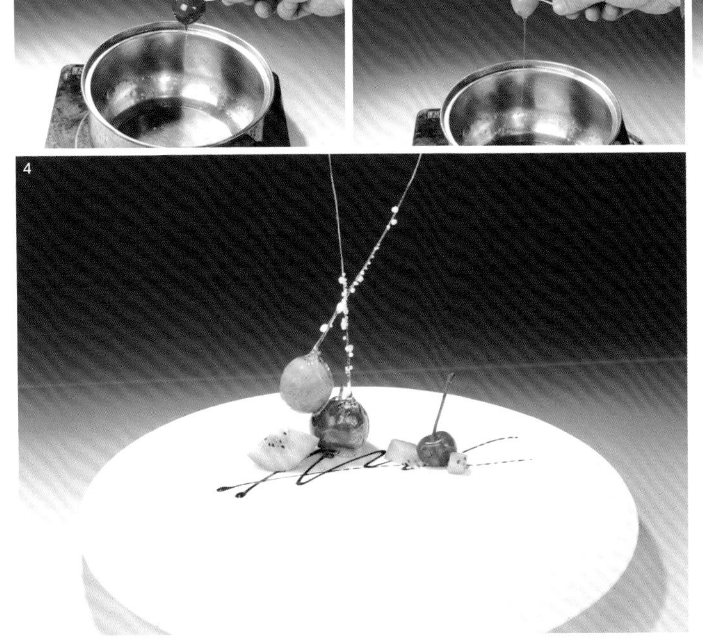

1. 将山楂洗净，插上一个牙签，蘸上熬好的艾素糖浆，晾凉。
2. 再将一个金橘蘸上艾素糖浆，晾凉，使滴下的糖丝定型。
3. 在糖丝上抹一点葡萄糖浆，然后粘上艾素糖颗粒。
4. 用火将山楂、金橘表面的糖烤软，粘在盘边，配果酱线、猕猴桃丁、红樱桃即可。

5. 黄瓜

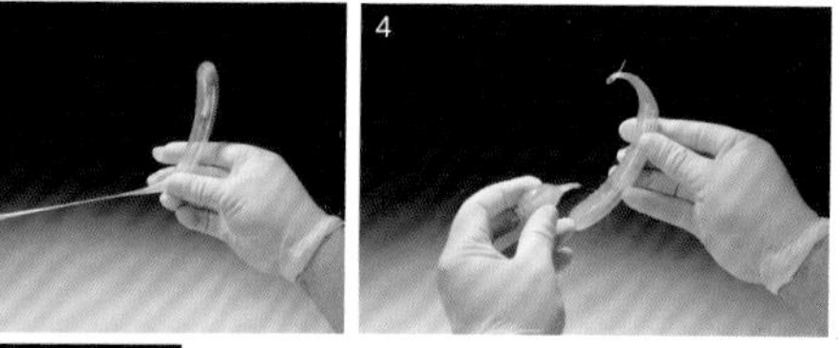

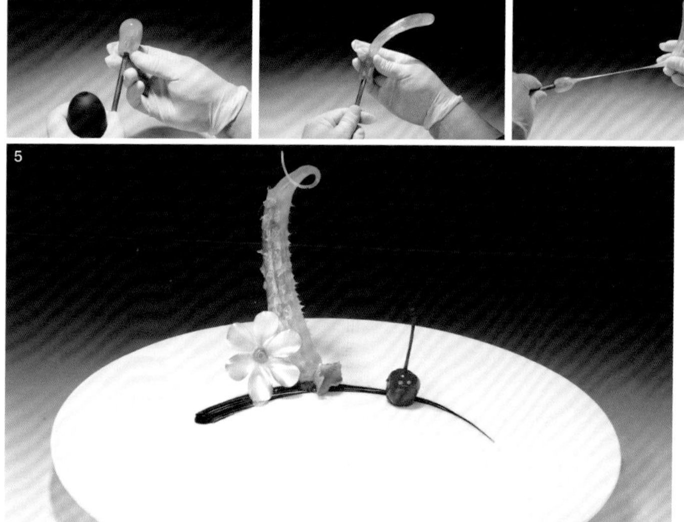

1. 将气囊铜管烧热，插入透明的浅绿色糖中。
2. 边吹气边抻拔糖体成黄瓜形状。
3. 待黄瓜定型后将黄瓜根部烤软、捏细，拔下铜管。
4. 将废糖烤软，粘在黄瓜上拉出小刺。
5. 在黄瓜头上粘一朵黄花，将黄瓜头烤软粘在盘边，另配一朵小雏菊，画果酱线，摆一颗红樱桃。

6. 百合

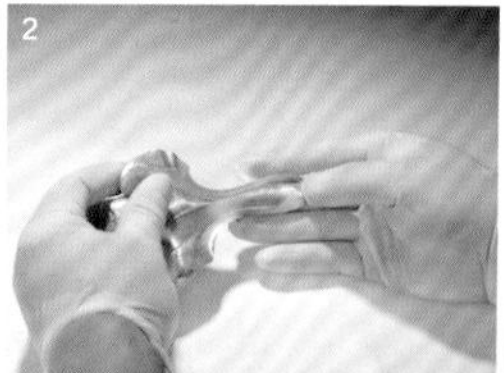

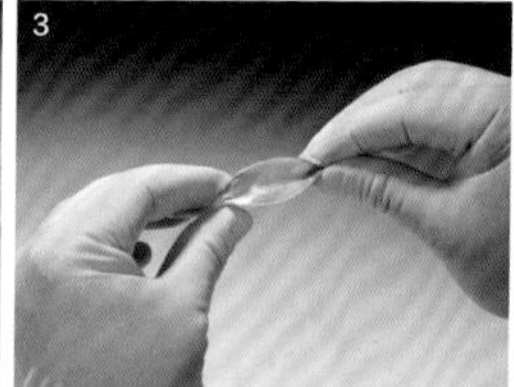

1. 在拉白的糖体中加一点点红色素,反复抻拉至粉色发亮。
2. 先撕出刀刃，再横向扯出花瓣。
3. 将花瓣两端捏略尖，共做出六片花瓣。
4. 将三片花瓣粘在一起。
5. 再粘出第二层三片花瓣。
6. 粘上花芯和绿叶，将花根部烤软粘在盘边，配糖艺黄瓜和果酱线即可。

7. 葫芦蝈蝈

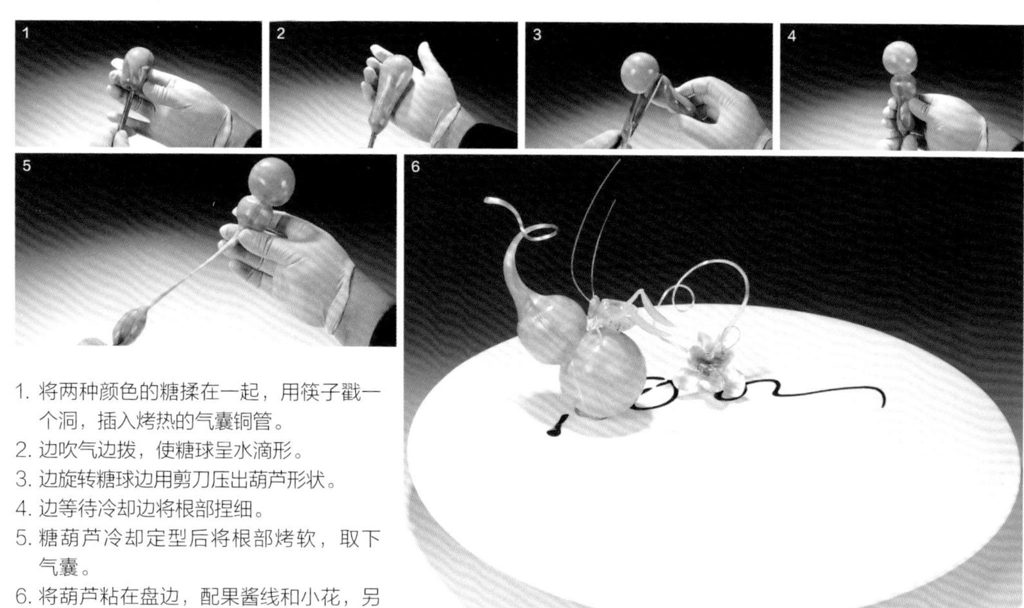

1. 将两种颜色的糖揉在一起，用筷子戳一个洞，插入烤热的气囊铜管。
2. 边吹气边拔，使糖球呈水滴形。
3. 边旋转糖球边用剪刀压出葫芦形状。
4. 边等待冷却边将根部捏细。
5. 糖葫芦冷却定型后将根部烤软，取下气囊。
6. 将葫芦粘在盘边，配果酱线和小花，另用透明绿糖做一只蝈蝈即可。

8. 小脚丫

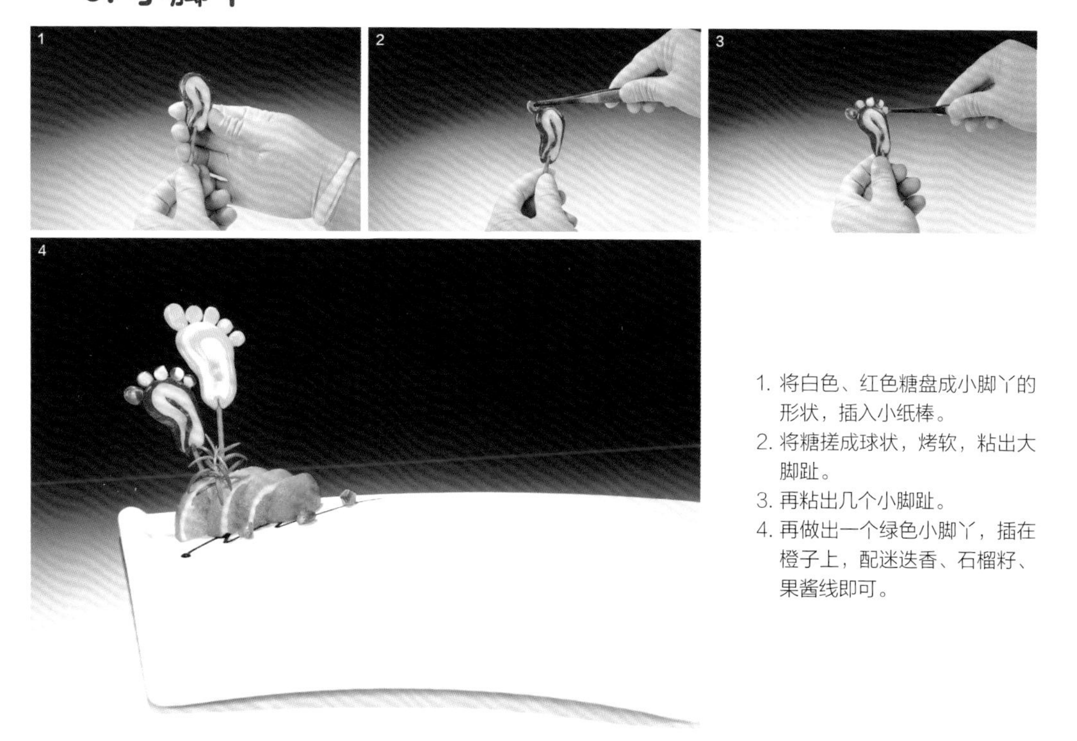

1. 将白色、红色糖盘成小脚丫的形状，插入小纸棒。
2. 将糖搓成球状，烤软，粘出大脚趾。
3. 再粘出几个小脚趾。
4. 再做出一个绿色小脚丫，插在橙子上，配迷迭香、石榴籽、果酱线即可。

9. 黄玫瑰

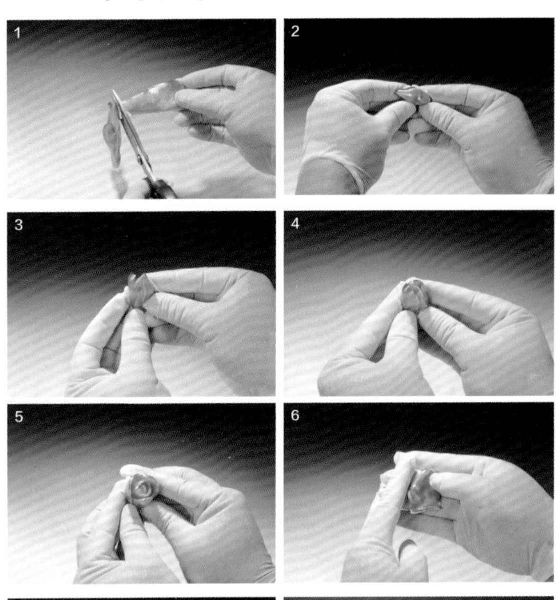

1. 先将糖反复拉亮，然后撕扯下一长形糖片剪下。
2. 将糖卷成两边尖，中间空的花芯。
3. 撕下一小片花瓣，放在手心里压出一点弧形，粘在花芯旁。
4. 如此粘第一圈三片花瓣。
5. 再粘出第二圈花瓣。
6. 撕下一片稍大一点的花瓣，将花瓣的半边向里卷一下。
7. 再将花瓣翻过来压出一点弧度。
8. 将这样的花瓣粘上一圈（三瓣）。
9. 再错位粘上一圈花瓣。
10. 拉一点彩带粘在花的后面，将花粘在盘边，配果酱线和红樱桃即可。

10. 简易天鹅

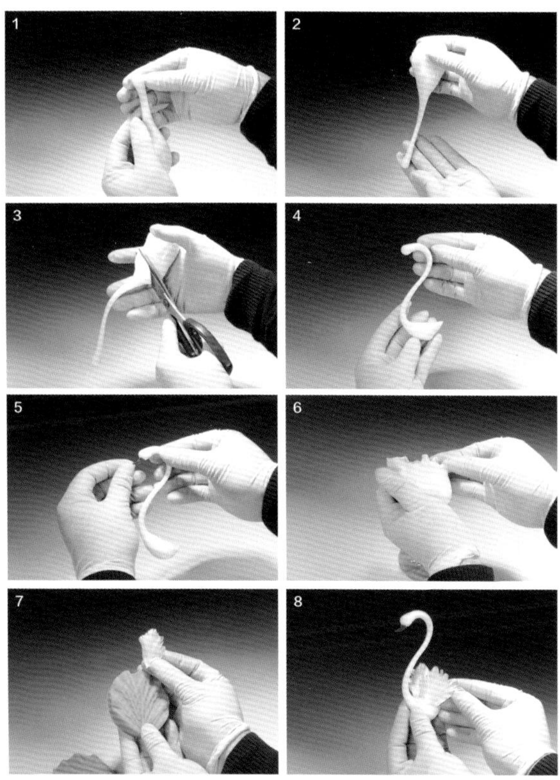

1. 将糖反复抻拉至变白发亮，捏出天鹅头部。
2. 拉出天鹅长长的脖子。
3. 剪下身子。
4. 待糖软硬度合适的时候，将脖子弯曲定型。
5. 粘上红色的嘴。
6. 将白色糖撕出齿状翅膀。
7. 将翅膀放在叶模里压出纹理。
8. 将翅膀根部烤一下粘在天鹅后背上（一共六片）。
9. 将绿色糖淋在盘边，冷却定型后粘上天鹅，配红樱桃即可。

11. 小老虎

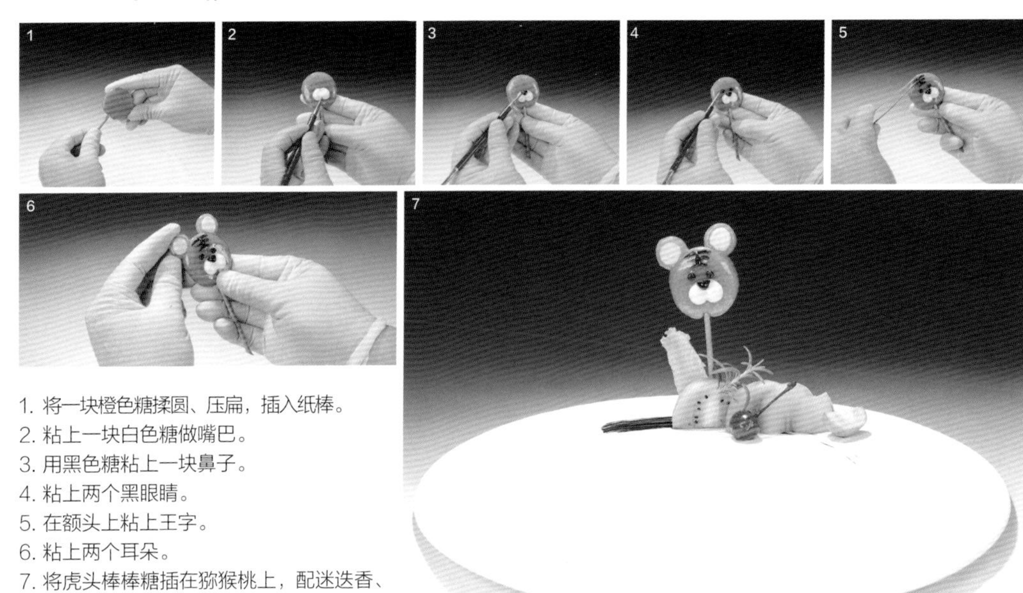

1. 将一块橙色糖揉圆、压扁，插入纸棒。
2. 粘上一块白色糖做嘴巴。
3. 用黑色糖粘上一块鼻子。
4. 粘上两个黑眼睛。
5. 在额头上粘上王字。
6. 粘上两个耳朵。
7. 将虎头棒棒糖插在猕猴桃上，配迷迭香、生菜叶、金橘、红樱桃、果酱线即可。

12. 玻璃心

1. 将熬好的糖倒在心形模具里。
2. 用竹签蘸一点色素在糖浆里搅一下。
3. 插入纸棒，冷却后取出棒棒糖，用火枪烤一下表面，消去气泡。
4. 将棒棒糖插入火龙果中，配草莓、法香、果酱线即可。

13. 心心相印

1. 将熬好的糖倒入模具中。
2. 在糖温略低时放入两颗事先做好的透明红心糖。
3. 插入纸棒，冷却后取出，用火枪烤一下表面，消去气泡。
4. 在小杯中放入火龙果、草莓等水果丁，插入棒棒糖，配情人草、法香、金橘、果酱线即可。

14. 小熊

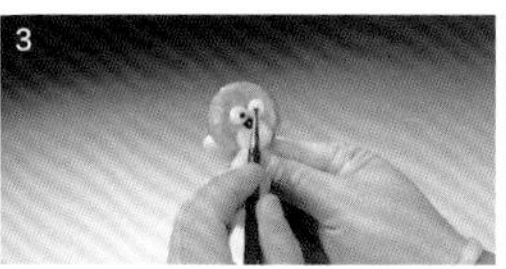

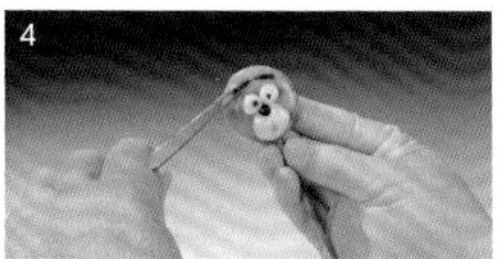

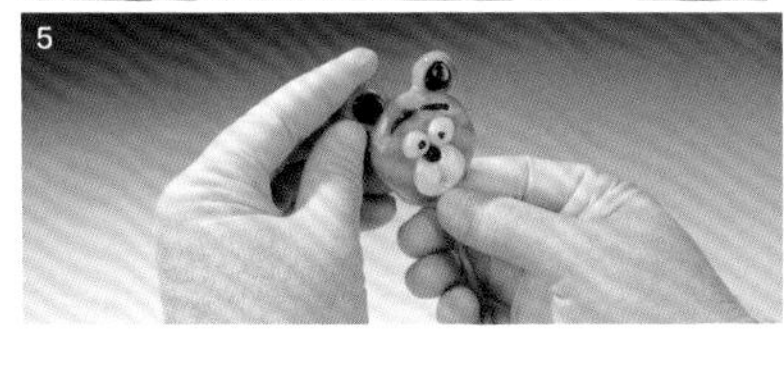

1. 将一块橙色糖揉圆、压扁，插入纸棒。
2. 粘上一块白糖做嘴巴，再粘一块黑糖做鼻子。
3. 粘上两个白糖做眼球，再粘上两个黑眼珠。
4. 粘上两个黑眉毛。
5. 粘上两个圆耳朵。
6. 再做一只小熊，将两只小熊插在猕猴桃上，配迷迭香、生菜叶、金橘、红樱桃、果酱线即可。

15. 机器猫

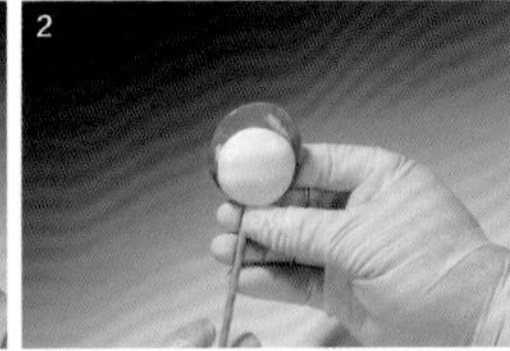

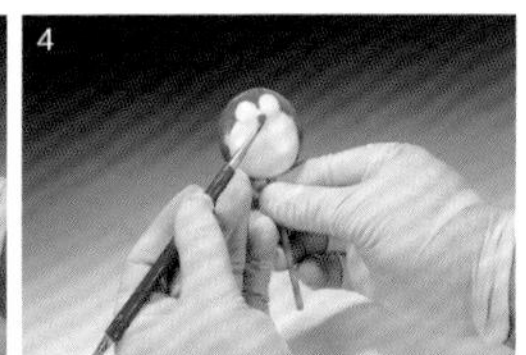

1. 蓝色糖搓圆、压扁，插入小纸棒。
2. 贴上一块白色糖。
3. 再贴上两个小白色糖球做眼球。
4. 粘上一点红糖做鼻子。
5. 粘上两个黑色糖做眼珠，小毛笔蘸黑色素画出嘴和胡子，配橙子、金橘、迷迭香、果酱线即可。

16. 小猫和小兔

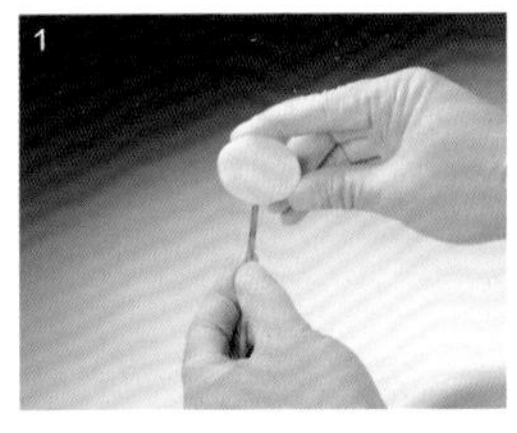

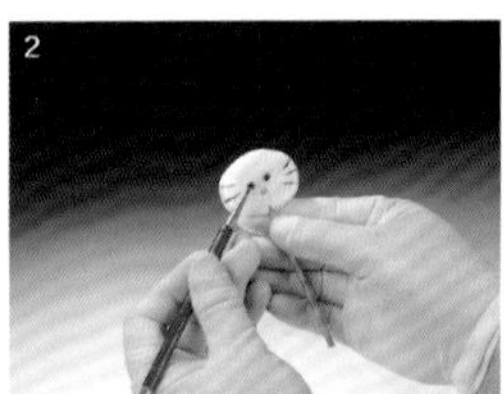

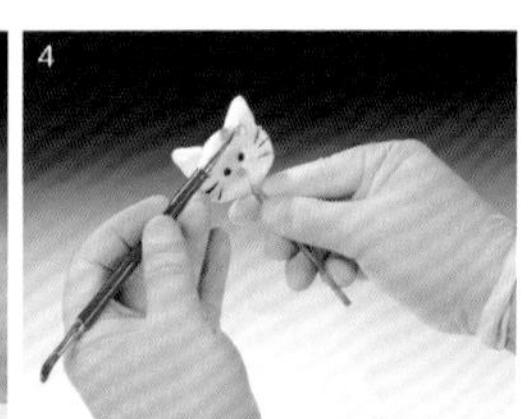

1. 将一块白糖压扁，插入纸棒。
2. 粘上粉红色的鼻子和两个黑眼睛，用黑色素画出几根胡子。
3. 粘上两个尖形耳朵。
4. 再将糖拉亮，剪成蝴蝶结粘在头上。
5. 同样方法做一只小白兔，将小猫和小白兔插在猕猴桃上，配生菜叶、红樱桃、金橘、石榴籽、果酱即可。

17. 红蘑菇

原料：糖、金橘、迷迭香、榛子仁、果酱。

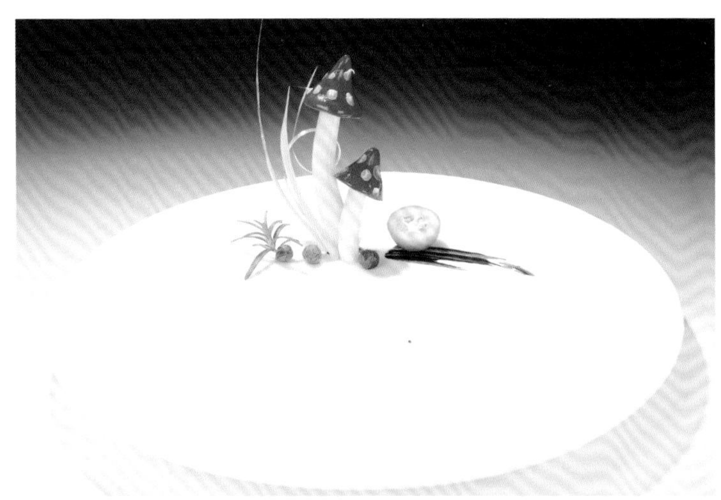

18. 白菜胡萝卜

原料：糖、红樱桃、果酱。

19. 紫玫瑰

原料：糖、红樱桃、果酱。

20. 甜心相印

原料：糖、红樱桃、橙子、石榴籽、果酱。

21. 甜嘴猴

原料：糖、猕猴桃、橙子、红樱桃、迷迭香、果酱。

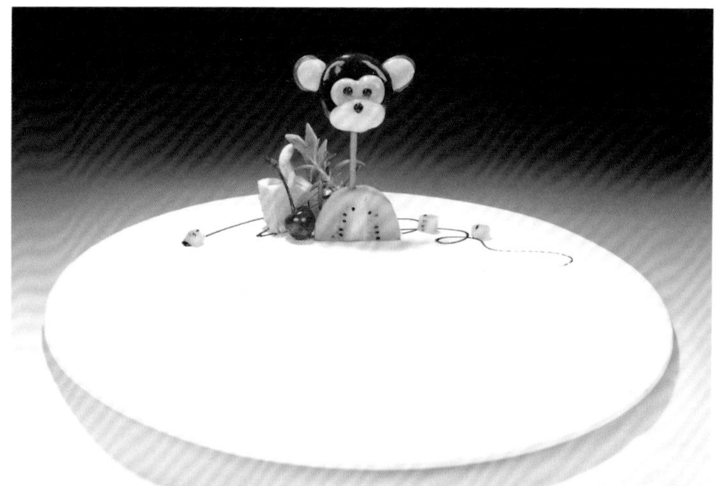

22. 小猪佩奇

原料：糖、猕猴桃、橙子、红樱桃、生菜叶、迷迭香、果酱。